新世纪高职高专规划教材·计算机系列

中文版
CorelDRAW X5平面设计
实训教程

刘艳丽 编著

清华大学出版社

北京

内 容 简 介

　　本书由浅入深、循序渐进地介绍了 Corel 公司推出的 CorelDRAW X5 的基本功能和使用技巧。全书共分为 14 章，包括 CorelDRAW X5 概述、文件基础操作、绘制基本图形、编辑图形、填充图形对象、文本的编辑、对象的操作、特殊效果的创建、位图的编辑、滤镜的应用、表格的应用、图层和样式、管理文件与打印等内容。最后一章还安排了综合实例，用于提高和拓宽读者对 CorelDRAW X5 操作的掌握与应用。

　　本书内容丰富，结构清晰，语言简练，图文并茂，具有很强的实用性和可操作性，是一本适合于高职高专院校、成人高等学校以及相关专业的优秀教材，也是广大初、中级电脑用户的自学参考书。

　　本书对应的电子教案、实例源文件和习题答案可以到 http://www.tupwk.com.cn/teach 网站下载。

本书封面贴有清华大学出版社防伪标签，无标签者不得销售。

版权所有，侵权必究。侵权举报电话：010-62782989　13701121933

图书在版编目(CIP)数据

中文版 CorelDRAW X5 平面设计实训教程/刘艳丽 编著. —北京：清华大学出版社，2011.1

(新世纪高职高专规划教材·计算机系列)

ISBN 978-7-302-24340-3

Ⅰ. 中…　Ⅱ. 刘…　Ⅲ. 图形软件，CorelDRAW—高等学校：技术学校—教材

Ⅳ. TP391.41

中国版本图书馆 CIP 数据核字(2010)第 248691 号

责任编辑：刘金喜　鲍　芳
装帧设计：孔祥丰
责任校对：蔡　娟
责任印制：王秀菊

出版发行：清华大学出版社　　　　　　　　　　地　　　址：北京清华大学学研大厦 A 座
　　　　　http://www.tup.com.cn　　　　　　　邮　　　编：100084
　　　社　　总　　机：010-62770175　　　　　邮　　购：010-62786544
　　　投稿与读者服务：010-62776969,c-service@tup.tsinghua.edu.cn
　　　质　量　反　馈：010-62772015,zhiliang@tup.tsinghua.edu.cn

印　刷　者：北京市人民文学印刷厂
装　订　者：三河市溧源装订厂
经　　销：全国新华书店
开　　本：185×260　印　张：19　字　数：511 千字
版　　次：2011 年 1 月第 1 版　　　印　　次：2011 年 1 月第 1 次印刷
印　　数：1～4000
定　　价：30.00 元

产品编号：039687-01

编审委员会

新世纪高职高专规划教材

主任： 高　禹　　浙江海洋学院

委员： （以下编委顺序不分先后，按照姓氏笔画排列）

于书翰	长春大学光华学院
王小松	北京经济管理职业学院
闪四清	北京航空航天大学
刘　平	沈阳理工大学应用技术学院
刘亚刚	长春大学光华学院
刘晓丹	浙江长征职业技术学院
安志远	北华航天工业学院
朱居正	河南财经学院成功学院
何国祥	河南农业职业学院
吴建平	浙江东方职业技术学院
吴　倩	苏州职业大学
李天宇	天津现代职业技术学院
杨　继	吉林农业大学发展学院
陈　愚	天津中德职业技术学院
周海彬	四川财经职业学院
侯殿有	长春理工大学光电信息学院
禹树春	沈阳职业技术学院
胡荣群	南昌理工学院
崔洪斌	河北科技大学
崔晓利	湖南工学院
程淮中	江苏财经职业技术学院
谢　尧	大连职业技术学院

# 丛书序

高职高专教育是我国高等教育的重要组成部分，它的根本任务是培养生产、建设、管理和服务第一线需要的德、智、体、美全面发展的高等技术应用型专门人才，所培养的学生在掌握必要的基础理论和专业知识的基础上，应重点掌握从事本专业领域实际工作的基本知识和职业技能，因此与其对应的教材也必须有自己的体系和特色。

为了顺应当前我国高职高专教育的发展形势，配合高职高专院校的教学改革和教材建设，进一步提高我国高职高专教育教材质量，在教育部的指导下，清华大学出版社组织出版了"新世纪高职高专规划教材"。

为推动规划教材的建设，清华大学出版社组织并成立"新世纪高职高专规划教材编审委员会"，旨在对清华版的全国性高职高专教材及教材选题进行评审，并向清华大学出版社推荐各院校办学特色鲜明、内容质量优秀的教材选题。教材选题由个人或各院校推荐，经编审委员会认真评审，最后由清华大学出版社出版。编审委员会的成员皆来源于教改成效大、办学特色鲜明、师资实力强的高职高专院校和普通高校，教材的编写者和审定者都是从事高职高专教育第一线的骨干教师和专家。

编审委员会根据教育部最新文件政策，规划教材体系，"以就业为导向"，以"专业技能体系"为主，突出人才培养的实践性、应用性的原则，重新组织系列课程的教材结构，整合课程体系；按照教育部制定的"高职高专教育基础课程教学基本要求"，教材的基础理论以"必要、够用"为度，突出基础理论的应用和实践技能的培养。

"新世纪高职高专规划教材"具有以下特点。

(1) 前期调研充分，适合实际教学。本套教材在内容体系、系统结构、案例设计、编写方法等方面进行了深入细致的调研，目的是在教材编写前充分了解实际教学需求。

(2) 精选作者，保证质量。本套教材的作者，既有来自院校一线的授课老师，也有来自IT 企业、科研机构等单位的资深技术人员。通过老师丰富的实际教学经验和技术人员丰富的实践工程经验相融合，为广大师生编写适合教学实际需求的高质量教材。

(3) 突出能力培养，适应人才市场要求。本套教材注重理论技术和实际应用的结合，注重实际操作和实践动手能力的培养，为学生快速适应企业实际需求做好准备。

(4) 教材配套服务完善。对于每一本教材，我们在出版的同时，都将提供完备的 PPT 教学课件、案例的源程序、相关素材文件、习题答案等内容，并且提供实时的网络交流平台。

高职高专教育正处于新一轮改革时期，从专业设置、课程体系建设到教材编写，依然是新课题。清华大学出版社将一如既往地出版高质量的优秀教材，并提供完善的教材服务体系，为我国的高职高专教育事业作出贡献。

新世纪高职高专规划教材编审委员会

丛书书目

本套教材涵盖了计算机各个应用领域，包括计算机硬件知识、操作系统、数据库、编程语言、文字录入和排版、办公软件、计算机网络、图形图像、三维动画、网页制作以及多媒体制作等。众多的图书品种可以满足各类院校相关课程设置的需要。

➢ 已经出版的图书书目

书　名	书　号	定　价
《中文版 Photoshop CS5 图像处理实训教程》	978-7-302-24377-9	30.00 元
《中文版 Flash CS5 动画制作实训教程》	978-7-302-24127-0	30.00 元
《SQL Server 2008 数据库应用实训教程》	978-7-302-24361-8	30.00 元
《AutoCAD 机械制图实训教程(2011 版) 》	978-7-302-24376-2	30.00 元
《AutoCAD 建筑制图实训教程(2010 版) 》	978-7-302-24128-7	30.00 元
《网络组建与管理实训教程》	978-7-302-24342-7	30.00 元
《ASP.NET 3.5 动态网站开发实训教程》	978-7-302-24188-1	30.00 元
《Java 程序设计实训教程》	978-7-302-24341-0	30.00 元
《计算机基础实训教程》	978-7-302-24074-7	30.00 元
《电脑组装与维护实训教程》	978-7-302-24343-4	30.00 元
《电脑办公实训教程》	978-7-302-24408-0	30.00 元
《Visual C#程序设计实训教程》	978-7-302-24424-0	30.00 元
《ASP 动态网站开发实训教程》	978-7-302-24375-5	30.00 元
《中文版 AutoCAD 2011 实训教程》	978-7-302-24348-9	30.00 元
《中文版 3ds Max 2011 三维动画创作实训教程》	978-7-302-24339-7	30.00 元
《中文版 CorelDRAW X5 平面设计实训教程》	978-7-302- 24340-3	30.00 元
《网页设计与制作实训教程》	978-7-302-24338-0	30.00 元

中文版 CorelDRAW 是由 Corel 公司推出的一款专业的图形设计软件，其强大的图形绘制与编辑功能，在 VI 设计、平面广告设计、商业插画设计、产品包装设计、工业造型设计、印刷品排版设计、网页制作等方面的应用都非常广泛。而最新的 CorelDRAW X5 版本进一步增强了在插图设计、描摹、照片编辑和版面设计等方面的功能，可以使设计师更加轻松快捷地完成设计。

本书从教学实际需求出发，合理安排知识结构，从零开始、由浅入深、循序渐进地讲解 CorelDRAW X5 的基本知识和使用方法，本书共分为 14 章，主要内容如下：

第 1 章介绍了 CorelDRAW X5 基本概述、图像处理基础知识、应用程序工作界面等内容。

第 2 章介绍了图形文件处理基础知识、页面的设置、视图的显示以及辅助工具的使用。

第 3 章介绍了绘制基本图形、线段以及标注图形的操作方法及技巧。

第 4 章介绍了编辑曲线对象、编辑图形以及编辑轮廓等操作方法及技巧。

第 5 章介绍了各种图形对象填充的方法及技巧。

第 6 章介绍了添加文本、设置文本、编辑文本，以及图文混排的编辑操作方法。

第 7 章介绍了对象的选取、复制、变换、控制、对齐与分布的操作方法及技巧。

第 8 章介绍了创建各种图形对象特殊效果的操作方法及技巧。

第 9 章介绍了导入位图、编辑位图的操作方法及技巧。

第 10 章介绍了应用各种位图图像滤镜的操作方法。

第 11 章介绍了创建表格，以及编辑表格属性的操作方法和技巧。

第 12 章介绍了图层、样式和模板的创建、编辑及应用的操作方法。

第 13 章介绍了从 CorelDRAW 文档导出文档，以及打印设置等操作方法。

第 14 章通过综合实例讲解了 CorelDRAW X5 的综合应用。

本书内容丰富，图文并茂，条理清晰，通俗易懂，在讲解每个知识点时都配有相应的实例，方便读者上机实践。同时对难于理解和掌握的内容给出相关提示，让读者能够快速地提高操作技能。此外，本书配有大量综合实例和练习，让读者在不断的实际操作中更加牢固地掌握书中讲解的内容。

本书免费提供书中所有实例的素材文件、源文件以及电子教案、习题答案等教学相关内容，读者可以在丛书支持网站(http://www.tupwk.com.cn/teach)上免费下载。

本书是集体智慧的结晶，参加本书编写和制作的人员还有陈笑、方峻、何亚军、王通、高娟妮、李亮辉、杜思明、张立浩、曹小震、蒋晓冬、洪妍、孔祥亮、王维、牛静敏、葛剑雄等。由于作者水平有限，加之创作时间仓促，本书不足之处在所难免，欢迎广大读者批评指正。我们的邮箱是：huchenhao@263.net，电话：010-62796045。

作　者

2010 年 9 月

章　名	重点掌握内容	教学课时
第 1 章　初识 CorelDRAW X5	1. CorelDRAW X5 介绍 2. 矢量图和位图 3. 工作界面 4. 自定义 CorelDRAW X5	2 学时
第 2 章　文件基本操作	1. 文件操作 2. 设置页面 3. 设置多页文档 4. 视图显示 5. 设置工具选项	3 学时
第 3 章　绘制基本图形	1. 绘制几何图形 2. 绘制线段 3. 智能绘图 4. 绘制连线、标注和尺度线	3 学时
第 4 章　编辑图形	1. 编辑曲线对象 2. 切割图形 3. 修饰图形 4. 修整图形 5. 编辑轮廓线 6. 图框精确裁剪对象	4 学时
第 5 章　图形对象的填充	1. 调色板设置 2. 渐变填充 3. 填充图案、纹理和 PostScript 底纹 4. 使用【交互式填充】工具 5. 使用【网状填充】工具 6. 使用滴管工具	4 学时
第 6 章　文本的编辑	1. 添加文本 2. 设置文本格式 3. 沿路径编排文本 4. 图文混排	4 学时

(续表)

章　名	重点掌握内容	教 学 课 时
第 7 章　对象的操作	1. 选择和复制对象 2. 变换和控制对象 3. 对齐与分布对象	3 学时
第 8 章　特殊效果	1. 调和效果 2. 轮廓图效果 3. 透明效果 4. 阴影效果 5. 透视效果	4 学时
第 9 章　位图编辑	1. 导入位图 2. 调整位图 3. 调整位图的颜色和色调 4. 描摹位图	3 学时
第 10 章　滤镜的应用	1. 添加和删除滤镜效果 2. 三维效果 3. 艺术笔触效果 4. 创造性效果	3 学时
第 11 章　表格应用	1. 添加表格 2. 导入表格 3. 编辑表格 4. 向表格添加图像、图形	3 学时
第 12 章　图层和样式	1. 使用图层控制对象 2. 图形和文本样式 3. 颜色样式 4. 模板	3 学时
第 13 章　管理文件与打印	1. 管理文件 2. 打印与印刷	3 学时
第 14 章　综合实例应用	1. 包装设计 2. 宣传单	3 学时

注：1. 教学课时安排仅供参考，授课教师可根据情况作调整。

2. 建议每章安排与教学课时相同时间的上机实战练习。

新世纪高职高专规划教材

目 录 CONTENTS

新世纪高职高专规划教材

新世纪高职高专规划教材

第 1 章

初识 CorelDRAW X5

主要内容　　CorelDRAW X5 是由 Corel 公司推出的一款矢量绘图软件，使用它可以绘制图形、处理图像和编排版面等，因此被广泛应用于平面设计、图形设计、电子出版物设计等诸多设计领域。本章主要介绍 CorelDRAW X5 的主要功能、工作界面，以及图形图像的基础知识等内容。

本章重点

- ➤ 矢量图和位图
- ➤ 色彩模式
- ➤ 存储格式
- ➤ 工作界面
- ➤ 自定义工具栏
- ➤ 自定义工作区

1.1　初识 CorelDRAW X5

CorelDRAW 是加拿大 Corel 公司推出的一款著名的矢量绘图软件，其广泛应用于商标设计、标志制作、模型绘制、插图描画、排版及分色输出等诸多领域。

CorelDRAW X5 提供了直观、便捷的界面设计，功能设计细致入微。它提供给设计者一整套的绘图工具，可以对各种基本对象做出更加丰富的变化。同时提供了特殊笔刷效果，以便于多样性设计。

为满足设计需要，CorelDRAW X5 还提供了一整套的图形精确定位和变形控制的辅助方案。这给标志设计、产品设计等需要准确尺寸的设计带来极大的便利。

颜色是设计的视觉传达重点，CorelDRAW X5 的实色填充功能提供了多种模式的调色方案以及专色、渐变、图纹、材质、网格填充等操作方式，而 CorelDRAW X5 的颜色匹配管理更可以让显示、打印和印刷达到颜色的一致。

除此之外，CorelDRAW X5 的文字处理与图像的输出输入的排版功能也非常优秀。CorelDRAW 不仅提供了对不同文本对象进行精确控制的文字处理功能，它还支持绝大部分图像格式的输入与输出，可以很好地与其他软件自由地交换共享文件。

1.2 矢量图和位图

计算机中的图形，主要分为矢量图形和位图两种主要类型。矢量图形由线条和曲线组成，是由决定所绘制线条的位置、长度和方向的数学描述生成的。位图也称为点阵图像，由称为像素的小方块组成；每个像素都映射到图像中的一个位置，并具有颜色数值。

§ 1.2.1 矢量图

矢量图像也叫做向量式图像，顾名思义，它是以数学式的方法记录图像的内容。其记录的内容以线条和色块为主，由于记录的内容比较少，不需要记录每一个点的颜色和位置等，所以它的文件容量比较小，这类图像很容易进行放大、旋转等操作，且不易失真，精确度较高，所以在一些专业的图形软件中应用较多。

但矢量图像不适于制作一些色彩变化较大的图像，且由于不同应用程序存储矢量图的方法不同，在不同应用程序之间的转换也有一定的困难。

§ 1.2.2 位图

位图又称为点阵图像，它由许多小点组成，其中每一个点即为一个像素，而每一像素都有明确的颜色。Photoshop 和其他绘画及图像编辑软件产生的图像基本上都是位图图像。

位图图像的优点在于能表现颜色的细微层次，同时可以在不同软件中进行应用。由于位图图像与分辨率有关，如果在屏幕上以较大的倍数放大显示，或以过低的分辨率打印，点阵图像会出现锯齿状的边缘，丢失细节。并且由于位图图像是以排列的像素集合而成的，因此不能单独操作局部的位图像素；同时位图图像所记录的信息内容较多，文件容量较大，所以对计算机硬件要求相对提高。

1.3 色彩模式

颜色模型是把色彩表示成数据的一种方法。CorelDRAW 应用程序支持多种颜色模型，其中包括 RGB 模式、CMYK 模式、Lab 模式、HSB 模式等。不同的颜色模型中的颜色色样也有所不同。

➤ RGB 模式是使用最广泛的一种颜色模型。它源于光的三原色原理，其中 R(Red)代表红色，G(Green)代表绿色，B(Blue)代表蓝色。RGB 模式是一种加色模式，即所有其他颜色都是通过红色、绿色、蓝色三种颜色混合而成的。

- CMYK 模式是一种减色模式，也是 CorelDRAW 默认的颜色模式。在 CMYK 模式中，C(Cyan)代表青色，M(Magenta)代表品红色，Y(Yellow)代表黄色，K(Black)代表黑色。CMYK 主要用于印刷领域。

- Lab 模式是国际颜色标准规范，是一种与设备无关的颜色模式。它使用 L 通道表示亮度，a 通道包含的颜色从深绿(低亮度值)到灰(中亮度值)再到亮粉红色(高亮度值)，B 通道包括的颜色从亮蓝(低亮度值)到灰(中亮度值)再到焦黄色(高亮度值)。该模式通过色彩混合可以产生明亮的色彩效果。Lab 模式定义的色彩最多，并且与光线及设备无关，它的处理速度与 RGB 模式同样快。而且 Lab 模式转换成 CMYK 模式时，图像的颜色信息不会丢失或被替换。

- HSB 模式比 RGB 和 CMYK 模式更直观，它不基于混合颜色，更接近人的视觉原理的视觉模式。HSB 颜色模式基于色调、饱和度和亮度。在 HSB 中，H 代表色调(Hue)，它是物体反射的光波的度量单位；S 代表饱和度(Saturation)，是指颜色的纯度，或者颜色中所包含的灰色成分的多少；B 代表亮度(Brightness)，表示颜色的光强度。

- 灰度模式的图像文件中只存在颜色的明暗度，而没有色相、饱和度等色彩信息。它的应用十分广泛，在成本相对低廉的黑白印刷中许多图像文件都是采用灰度模式的256 个灰度色阶来模拟色彩信息的，如普通图书、报纸中使用的黑白图片。任何一种图像颜色模型都可转换为灰度模式，同时色彩信息会被删除。

- 黑白模式也称为位图模式，它是由黑白两种颜色组成的颜色模式。与灰度模式不同的是，黑白模式只包含黑白两个色阶，而灰度模式有 256 个灰度色阶。

1.4　存储格式

在 CorelDRAW X5 中可以打开或导入不同格式的文件，也可以将编辑的绘图选择需要的格式进行存储。

- CDR 格式是 CorelDRAW 的专用图形文件格式。由于 CorelDRAW 是矢量绘制软件，因而 CDR 格式可以记录绘图文件的属性、位置和分页等信息。另外，CDR 格式可以导入至 Illustrator 等其他图形处理软件中使用。但 CorelDRAW X5 绘制的文件不能在低版本的 CorelDRAW 软件中使用，要想使 CorelDRAW X5 的文件能够在低版本的 CorelDRAW 中使用，用户在保存文件时必须设置【版本】选项，以所需的 CorelDRAW 版本的 CDR 文件形式保存。

- AI 格式是 Adobe Illustrator 文件，是由 Adobe Systems 所开发的矢量图形文件格式，大多数图形应用软件都支持该文件格式。它能够保存 Illustrator 的图层、蒙版、滤镜效果、混合和透明度等数据信息。AI 格式是 Illustrator、CorelDRAW 和 Freehand 之间进行数据交换的理想格式。因为这 3 个图形软件都支持这种文件格式，它们可以

新世纪高职高专规划教材

直接打开、导入或导出该格式文件，也可以对该格式文件进行一定的参数设置。

➢ EPS 格式是跨平台的标准格式，扩展名在 Windows 平台上为*.eps，在 Macintosh 平台上为*.epsf，可以用于矢量图形和位图图像文件的存储。由于该格式是采用 PostScript 语言进行描述的，可以保存 Alpha 通道、分色、剪辑路径、挂网信息和色调曲线等数据信息，因此也常被用于专业印刷领域。

➢ SVG 格式是可缩放的矢量图形格式。它是一种开放标准的矢量图形语言，可任意放大图形显示，边缘异常清晰，文件在 SVG 图像中保留可编辑和可搜寻的状态，没有字体的限制，生成的文件很小，下载快，适合于设计高分辨率的 Web 图形页面。

➢ DXF 格式是 AutoCAD 中的图形文件格式，在表现图形的大小方面十分精确，可被 CorelDRAW 等软件调用编辑。

➢ WMF 格式是 Microsoft Windows 中常见的一种图元文件格式，它具有文件短小、图案造型花的特点，整个图形常由各个独立组成部分拼接而成，但其图形往往较粗糙。

1.5 工作界面

完成 CorelDRAW X5 应用程序安装后，选择【开始】|【所有程序】| CorelDRAW Graphics Suite X5 | CorelDRAW X5 命令，即可启动应用程序。启动程序后，在屏幕中会出现如图 1-1 所示的欢迎屏幕窗口。CorelDRAW X5 的欢迎屏幕窗口按不同的功能类别以书签的形式展现给用户，以便于用户查找和浏览。

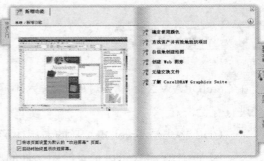

图 1-1 欢迎屏幕窗口

提示

默认状态下，欢迎屏幕窗口显示【快速入门】标签内容，如果要将其他标签内容设置为启动 CorelDRAW 时的默认欢迎界面显示内容，可以在切换到其他标签后，选中【将该页面设置为默认的"欢迎屏幕"页面】复选框。要在启动 CorelDRAW X5 时不显示欢迎屏幕窗口，可以在欢迎屏幕窗口中取消选中【启动时始终显示欢迎屏幕】复选框，在下次启动 CorelDRAW X5 时就不会显示欢迎屏幕窗口。

通过欢迎屏幕进入 CorelDRAW X5 的工作界面，在工作界面中包括标题栏、菜单栏、工具栏、属性栏、工具箱、绘图页面等，如图 1-2 所示。

新世纪高职高专规划教材

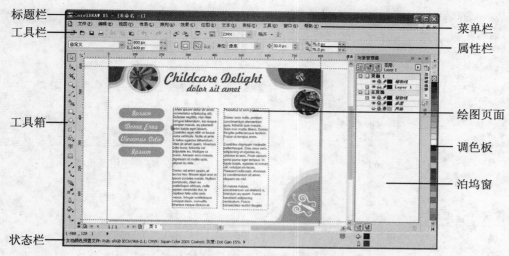

标题栏
工具栏
工具箱
状态栏

菜单栏
属性栏
绘图页面
调色板
泊坞窗

图 1-2　CorelDRAW X5 工作界面

§ 1.5.1　标题栏

标题栏位于应用程序窗口的最上方，用于显示当前打开文件的路径和名称。标题栏中的左边为 CorelDRAW 的图标、版本名称和当前文件名，单击该图标可以打开窗口控制菜单，使用该菜单中的命令，可以移动、关闭、放大和缩小窗口；标题栏右边为与 Windows 应用程序风格一致的【最小化】、【最大化/还原】和【关闭】按钮，如图 1-3 所示。

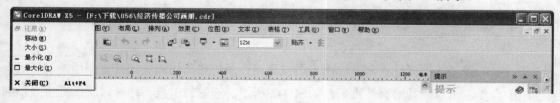

图 1-3　标题栏

§ 1.5.2　菜单栏

菜单栏中包括了 CorelDRAW X5 中常用的各种命令，包括文件、编辑、视图、布局、排列、效果、位图、文本、表格、工具、窗口、帮助共 12 组菜单命令，各菜单命令下包括了应用程序中的各项功能命令。

单击相应的菜单名称，即可打开该菜单。如果在菜单项右侧有一个三角符号"▶"，表示此菜单项包含有子菜单，只要将鼠标移到此菜单项上，即可打开其子菜单，如图 1-4 所示。如果在菜单项右侧有"…"，则执行此菜单项时将会弹出与之有关的对话框，如图 1-5 所示。

新世纪高职高专规划教材

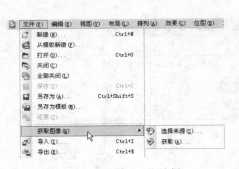  

图 1-4　菜单栏　　　　　　　　　　　　　图 1-5　使用菜单栏

§ 1.5.3　工具栏

　　工具栏中包含了一些常用的命令按钮。每个图标按钮代表相应的菜单命令，如图 1-6 所示。用户只需单击某图标按钮，即可对当前选择的对象执行该命令效果。工具栏为用户节省了从菜单中选择命令的操作。

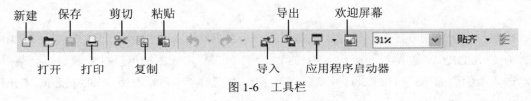

图 1-6　工具栏

§ 1.5.4　属性栏

　　CorelDRAW X5 的属性栏和其他图形图像应用程序的作用相同。选择要使用的工具后，属性栏中会显示出该工具的属性设置，如图 1-7 所示。选取的工具不同时，属性栏中显示的选项也不同。

图 1-7　属性栏

§ 1.5.5　工具箱

　　CorelDRAW X5 的工具箱位于工作区的左侧，其中提供了绘图操作时常用的基本工具，如图 1-8 所示。在工具按钮下显示有黑色小三角标记，表示该工具是一个工具组，在该工具按钮上按下鼠标左键不放，可展开隐藏的工具栏并选取需要的工具，如图 1-9 所示。

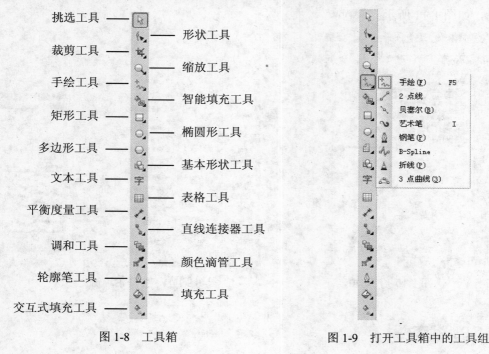

挑选工具　——　形状工具
裁剪工具　——　缩放工具
手绘工具　——　智能填充工具
矩形工具　——　椭圆形工具
多边形工具　——　基本形状工具
文本工具　——　表格工具
平衡度量工具　——　直线连接器工具
调和工具　——　颜色滴管工具
轮廓笔工具　——　填充工具
交互式填充工具 ——

手绘(F)　　F5
2 点线
贝塞尔(B)
艺术笔　　　I
钢笔(P)
B-Spline
折线(P)
3 点曲线(3)

图 1-8　工具箱　　　　　　图 1-9　打开工具箱中的工具组

§ 1.5.6　绘图页面

工作界面中带有阴影的矩形，称为绘图页面(见图 1-2)。用户可以根据实际的尺寸需要，对绘画页面的大小进行调整。在进行图形的输出处理时，对象必须放置在页面范围之内，否则无法输出。通过选择【视图】|【显示】|【页边框】、【出血】或【可打印区域】命令即可打开或关闭页面边框、出血标记或可打印区域。

§ 1.5.7　调色板

调色板中放置了 CorelDRAW X5 中默认的各种颜色色标。它被默认放在工作界面的右侧，默认的颜色模式为 CMYK 模式。选择【工具】|【调色板编辑器】命令，弹出【调色板编辑器】对话框，在该对话框中可以对调色板属性进行设置，包括修改默认色彩模式、编辑颜色、添加颜色、删除颜色、将颜色排序和重置调色板等。

§ 1.5.8　泊坞窗

泊坞窗是放置 CorelDRAW X5 的各种管理器和编辑命令的工作面板。默认设置下，显示在工作区的右侧，单击泊坞窗左上角的双箭头按钮，可使泊坞窗最小化，如图 1-10 所示。

选择【窗口】|【泊坞窗】命令，然后选择各种管理器和命令选项，即可将其激活并显示在页面上，如图 1-11 所示。

图 1-10　泊坞窗

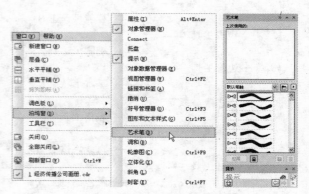

图 1-11　打开泊坞窗

§ 1.5.9　状态栏

状态栏位于工作界面的最下方，主要提供绘图过程中的相应提示，帮助用户熟悉各种功能的使用方法和操作技巧，如图 1-12 所示。

图 1-12　状态栏

在状态栏中，单击提示信息右侧的 ▶ 按钮，在弹出的菜单中，可以更改显示的提示信息内容，如图 1-13 所示。

图 1-13　设置状态栏

1.6　自定义 CorelDRAW X5

在 CorelDRAW X5 应用程序中，还可以根据个人需要排列命令栏和命令来自定义应用程序。

§ 1.6.1　自定义菜单

CorelDRAW X5 应用程序的自定义功能允许用户修改菜单栏及其包含的菜单。用户可以改变菜单和菜单命令的顺序；添加、移除和重命名菜单和菜单命令；以及添加和移除菜单命令分隔符。如果没有记住菜单位置，可以使用搜索菜单命令，还可以将菜单重置为默认设置。自定义选项既适用于菜单栏菜单，也适用于通过右击弹出的快捷键菜单。

【例 1-1】在 CorelDRAW X5 应用程序中，自定义菜单及菜单命令。

(1) 在 CorelDRAW X5 应用程序中，选择菜单栏中的【工具】|【自定义】命令，打开【选项】对话框。在对话框左侧【自定义】类别列表中，单击【命令】选项，如图 1-14 所示。

(2) 在应用程序窗口的【视图】菜单命令上按下鼠标，并按住鼠标向右拖动菜单，至【窗口】菜单前释放鼠标，如图 1-15 所示，更改菜单命令排列顺序。

图 1-14　单击【命令】选项

图 1-15　更改菜单命令排列

(3) 从顶部列表框中选择【文件】命令类别。单击列表中的【新建】命令。单击【外观】标签，在【标题】框中输入"新建绘图"，然后单击【确定】按钮，即可应用自定义菜单命令名称，如图 1-16 所示。

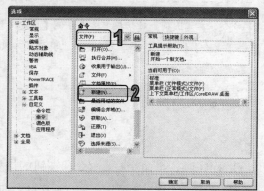

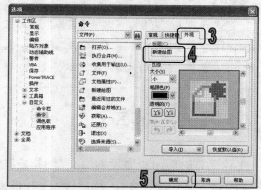

图 1-16　重命名菜单命令

§ 1.6.2　自定义工具栏

在 CorelDRAW X5 应用程序中，可以自定义工具栏的位置和显示。工具栏可以附加到应用程序窗口的边缘，也可以移出工具栏将其拉离应用程序窗口的边缘，使其处于浮动状态，便于随处移动。用户可以创建、删除和重命名自定义工具栏。也可以通过添加、移除以及排列工具栏项目来自定义工具栏。可以通过调整按钮大小、工具栏边框，以及显示图像、标题或同时显示图像与标题来调整工具栏外观；也可以编辑工具栏按钮图像。

【例 1-2】在 CorelDRAW X5 应用程序中，添加自定义工具栏。

(1) 在 CorelDRAW X5 应用程序中，选择菜单栏中的【工具】|【自定义】命令，打开【选项】对话框。在对话框左侧【自定义】类别列表中，单击【命令栏】选项，再单击【新建】按钮，然后在【命令栏】列表中输入名称"自定义工具栏"，然后单击【确定】按钮，如图 1-17 所示。

(2) 按下 Alt + Ctrl 组合键，然后将应用程序窗口中的工具或命令按钮拖动到新建的工具栏中，如图 1-18 所示。

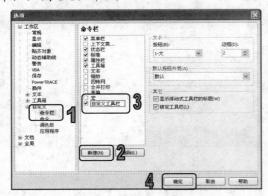

图 1-17　新建命令栏

图 1-18　添加工具

技巧

　要删除自定义工具栏，选择【工具】|【自定义】命令，在【选项】对话框中单击左侧【自定义】类别列表中的【命令栏】，然后单击工具栏名称，单击【删除】按钮。要重命名自定义工具栏，可双击工具栏名称，然后输入新名称。

§ 1.6.3　自定义工作区

工作区是对应用程序设置的配置，指定打开应用程序时各个命令栏、命令和按钮的排列。在 CorelDRAW X5 中可以创建和删除工作区，也可以选择程序中包含的预置的工作区。如用户可以选择具有 Adobe Illustrator 外观效果的工作区。还可以将当前工作区重置为默认设置，也可以将工作区导出、导入到使用相同应用程序的其他计算机中。

【例 1-3】在 CorelDRAW X5 应用程序中，新建工作区。

(1) 在 CorelDRAW X5 应用程序中，选择菜单栏中的【工具】|【自定义】命令，打开【选项】对话框。在类别列表中单击【工作区】，单击【新建】按钮，如图 1-19 所示。

(2) 打开【新工作区】对话框，在对话框的【新工作区的名字】框中输入工作区的名称"用户工作区"。从【基新工作区于】列表框中，选择【X5 默认工作区】作为新工作区的基础，然后单击【确定】按钮，如图 1-20 所示完成新工作区的创建。

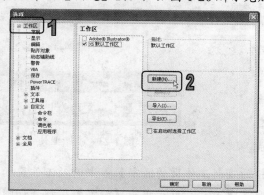

图 1-19　新建

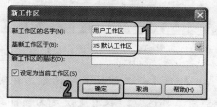

图 1-20　新建工作区

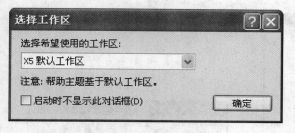

图 1-21　选择工作区

1.7 上机实战

本章的上机实战主要练习自定义工作区的操作方法，使用户更好地掌握 CorelDRAW 工作区的基本操作方法和技巧。

(1) 在 CorelDRAW X5 应用程序中，选择菜单栏中的【工具】|【自定义】命令，打开【选项】对话框。在对话框左侧【自定义】类别列表中，单击【命令栏】选项，再单击【新建】按钮，然后在【命令栏】列表中输入名称"绘画用工具栏"，然后单击【确定】按钮，如图 1-22 所示。

(2) 按下 Alt + Ctrl 组合键，然后将应用程序窗口中的工具或命令按钮拖动到新建的工具栏中，如图 1-23 所示。

(3) 选择菜单栏中的【工具】|【自定义】命令，打开【选项】对话框。在类别列表中单击【工作区】，再单击【新建】按钮，如图 1-24 左图所示。

新世纪高职高专规划教材

图 1-22　新建命令栏

图 1-23　添加工具

(4) 打开【新工作区】对话框，在对话框的【新工作区的名字】框中输入工作区的名称"绘画用工作区"。取消【设定为当前工作区】复选框，然后单击【确定】按钮，如图 1-24 右图所示完成新工作区的创建。

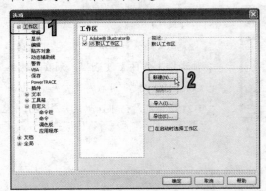

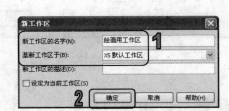

图 1-24　新建工作区

1.8　习题

1. 简述什么是矢量图形，什么是位图图形。
2. 根据个人需要设置自定义工具栏。

第 **2** 章

文件基本操作

主要内容　　在使用 CorelDRAW X5 应用程序进行操作前，应先掌握 CorelDRAW X5 绘图的基本操作，如新建和打开文件等基本操作、页面和工具选项设置的操作方法。这样可以为更好地学习 CorelDRAW 的其他命令与操作方法打下良好的基础。

本章重点
- 文件基本操作
- 设置页面
- 设置多页文档
- 视图显示
- 设置辅助线
- 设置标尺

2.1　文件基本操作

要在 CorelDRAW X5 应用程序中进行设计工作，必须先熟悉创建、打开、保存、关闭等基本的文件操作。

§ 2.1.1　新建文件

在 CorelDRAW X5 中进行绘图设计之前，首先应新建文件。新建文件时，设计者可以根据设计要求、目标用途，对页面进行相应的设置，以满足实际应用需求。

启动 CorelDRAW X5 应用程序后，要新建文件，可以在欢迎屏幕界面中单击【新建空白文档】选项，或选择【文件】|【新建】命令，或单击工具栏中的【新建】按钮，或直接按 Ctrl+N 快捷键。以往版本的 CorelDRAW 中都会默认生成纵向的 A4 大小的图形文件，而 CorelDRAW X5 则首次新增了【创建新文档】对话框，通过设置可以创建用户所需大小的图形文件。

【例 2-1】在 CorelDRAW X5 应用程序中，新建图像文件。

(1) 启动 CorelDRAW X5 应用程序，在打开的欢迎屏幕窗口中，单击【新建空白文档】

选项，打开【创建新文档】对话框，如图 2-1 所示。

图 2-1　使用欢迎屏幕窗口

　　(2) 在对话框的【名称】文本框中输入"新建绘图文件"，设置【宽度】数值为 100mm，【高度】数值为 50mm，单击【横向】按钮，设置【渲染分辨率】数值为 72dpi，然后单击【确定】按钮即可创建新文件，如图 2-2 所示。

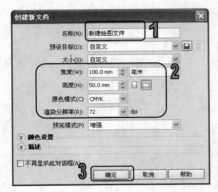
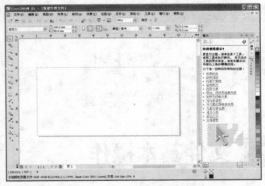

图 2-2　创建新文档

§ 2.1.2　打开文件

　　当用户需要修改或编辑已有的文件时，可以选择【文件】|【打开】命令，或按下 Ctrl+O 快捷键，或者在工具栏中单击【打开】按钮，打开如图 2-3 所示的【打开绘图】对话框，从中选择需要打开的文件类型、文件的路径、文件名后，单击【打开】按钮即可。

技巧

　　如果需要同时打开多个文件，可在【打开绘图】对话框的文件列表框中，按住 Shift 键选择连续排列的多个文件，或按住 Ctrl 键选择不连续排列的多个文件，然后单击【打开】按钮，即可按照文件排列的先后顺序将选取的所有文件打开。

　　另外，CorelDRAW X5 有保存最近使用文档记录的功能，在【文件】|【打开最近用过的

文件】子菜单下选择相应的文件即可打开，如图 2-4 所示。

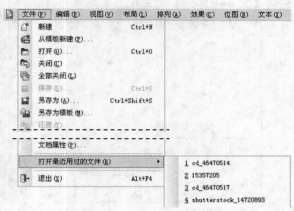

图 2-3 【打开绘图】对话框　　　　　　　图 2-4 打开最近用过的文件

§ 2.1.3 保存文件

在绘图过程中，为避免文件意外丢失，需要及时将编辑好的文件保存到磁盘中。选择【文件】|【保存】命令，或按下 Ctrl+S 快捷键，或在工具栏中单击【保存】按钮，打开【保存绘图】对话框，选择保存文件的类型、路径和名称，然后单击【保存】按钮即可。

如果当前文件是在一个已有的文件基础上进行的修改，那么在保存文件时，选择【保存】命令，将使用新保存的文件数据覆盖原有的文件，而原文件将不复存在。如果要在保存文件时保留原文件，可选择【文件】|【另存为】命令，打开【保存绘图】对话框设置保存的文件名、类型、路径，再单击【保存】按钮，即可将当前文件存储为一个新的文件。

【例 2-2】保存在 CorelDRAW X5 应用程序中打开的绘图的部分对象。

(1) 在 CorelDRAW X5 应用程序中，打开一幅绘图文件。选择工具箱中的【选择】工具，选取对象，如图 2-5 所示。

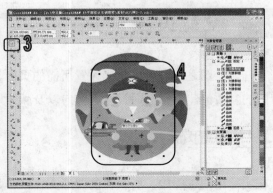

图 2-5 选取对象

新世纪高职高专规划教材

(2) 选择菜单栏中的【文件】|【另存为】命令，打开【保存绘图】对话框。在【保存在】列表框内，选择要保存绘图的磁盘位置及文件夹；在【文件名】文本框中输入文件名称，并选中【只是选定的】复选框；最后单击【保存】按钮，如图 2-6 所示。

图 2-6　保存部分对象

§ 2.1.4　关闭文件

当用户需要退出当前正在编辑的文档时，可选择【文件】|【关闭】命令，或单击菜单栏右侧的【关闭】按钮 ✕，即可关闭当前文件。如果当前编辑的文件没有进行最后的保存，则系统将弹出提示对话框，询问用户是否对修改的文件进行保存，如图 2-7 所示。

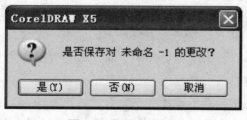

图 2-7　提示对话框

> **提示**
>
> 　选择【文件】|【全部关闭】命令，即可关闭所有打开的图形文件。

2.2　设置页面

在开始绘图之前，可以精确设置所需的页面。在【页面】选项页内的控制项目，可以调整绘图的参数值，包括页面尺寸、方向以及版面，并且可以为页面选择一个背景。

§ 2.2.1　设置页面大小

在实际绘图工作中，所编辑的图形文件常常具有不同的尺寸要求，这时就需要进行自定义页面设置。在 CorelDRAW X5 应用程序中，提供了多种设置页面大小的操作方法。

➢ 在图形文件中没有选中任何对象的情况下，可以在属性栏中对页面大小进行调整，如图 2-8 所示。

图 2-8　属性栏设置页面

➢ 在工作区中的页面阴影上双击鼠标左键，或选择【布局】|【页面设置】命令，或选择【工具】|【选项】命令，或在工具栏中单击【选项】按钮，打开如图 2-9 所示的【选项】对话框，在其中就可对当前页面的方向、尺寸大小、分辨率、出血范围等属性进行设置。设置好后，单击【确定】按钮即可对当前文件中的页面进行调整。

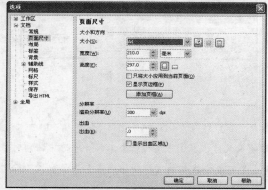

图 2-9　【选项】对话框

提示

如果当前文件中存在有多个页面时，选中【只将大小应用到当前页面】复选框，则只对当前页面进行调整。

【例 2-3】在 CorelDRAW X5 应用程序中，设置页面尺寸。

(1) 启动 CorelDRAW X5 应用程序，在欢迎屏幕窗口中单击【新建空白文档】选项，打开【创建新文档】对话框。在对话框的【名称】文本框中输入"新建绘图文件"，设置【宽度】数值为 50mm、【高度】数值为 50mm，单击【纵向】按钮，设置【渲染分辨率】数值为 300dpi，然后单击【确定】按钮即可创建新文件，如图 2-10 所示。

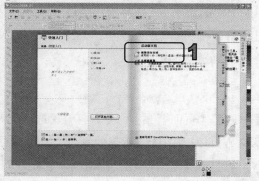
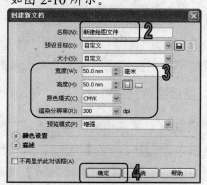

图 2-10　新建绘图文件

(2) 选择菜单栏中的【布局】|【页面设置】命令，打开【选项】对话框，在左侧【文档】类别列表中，单击【页面尺寸】选项。选中【横向】单选按钮，设置【宽度】数值为 100、

新世纪高职高专规划教材

【出血】数值为 3，并选中【显示出血区域】复选框，如图 2-11 所示。

    (3) 单击【保存】按钮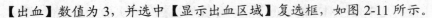，打开【自定义页面类型】对话框。在【另存自定义页面类型为】文本框中输入"横向卡片"，然后单击【确定】按钮添加自定义预设页面尺寸，如图 2-12 所示。

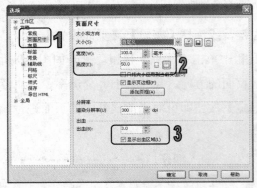
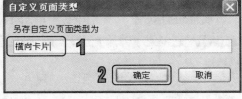

图 2-11   设置页面大小　　　　　　　图 2-12   另存自定义页面

技巧

    单击【删除页面尺寸】按钮可以删除自定义预设页面尺寸。在选中【挑选】工具并未选中任何对象的情况下，还可以通过单击属性栏上【纸张类型/大小】列表框底部的【编辑该列表】来添加或删除自定义预设页面尺寸。

§ 2.2.2　设置页面背景

    在【选项】对话框中，还可以对页面背景进行设置。用户可以使用纯色背景，也可以将位图图片作为页面背景。并且选中对话框中的【打印和导出背景】复选框，可以将背景与绘图一起打印和导出。用位图创建背景时，可以指定位图的尺寸并将图形链接或嵌入到文件中。将图形链接到文件中时，对源图形所做的任何修改都将自动在文件中反映出来，而嵌入的对象则保持不变。在将文件发送给其他人时必须包括链接的图形。

1. 使用纯色页面背景

    如果以一个单色作为页面背景，选择【布局】|【页面背景】命令，打开【选项】对话框。在对话框中，选中【纯色】单选按钮，然后从右侧的列表中选取所需的颜色，如图 2-13 所示。如果没有合适的颜色，单击【其他】按钮，可以打开【选择颜色】对话框，它允许创建一个自定义颜色或从 CorelDRAW 提供的任何颜色模式中选取颜色。

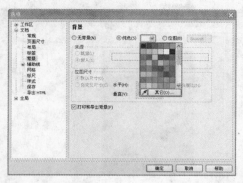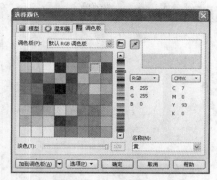

图 2-13　使用纯色背景

2. 使用位图页面背景

如果要使用位图作为背景，选择【布局】|【页面背景】命令，打开【选项】对话框。在对话框中，选中【位图】单选按钮，然后单击右侧的 Browse 按钮。在打开的【导入】对话框中选取要导入的位图文件，单击【导入】按钮。

如果需要链接或嵌入位图背景，在【来源】选项区中，选中【链接】单选按钮可以从外部链接位图；选中【嵌入】单选按钮，可以直接将位图添加到文档中。

选中【自定义尺寸】单选按钮，可以改变位图背景的大小。选中【保持纵横比】复选框，可以保持位图的水平和垂直比例；禁用该项时，可以指定不成比例的高度和宽度值，在【水平】和【垂直】数值框中输入具体的值以指定背景的宽度。

【例 2-4】在 CorelDRAW X5 应用程序中，使用位图页面背景。

(1) 在 CorelDRAW 应用程序中，打开一幅绘图文件。选择【布局】|【页面背景】命令，打开【选项】对话框。在对话框中，选中【位图】单选按钮，再单击 Browse 按钮，如图 2-14 所示。

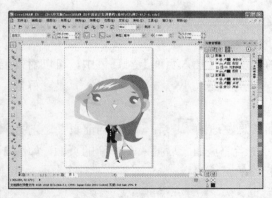

图 2-14　启用位图背景

(2) 在打开的【导入】对话框中，选择要作为背景的位图文件，单击【导入】按钮，如图 2-15 所示。

(3) 单击【选项】对话框中的【确定】按钮应用位图背景，如图 2-16 所示。

新世纪高职高专规划教材

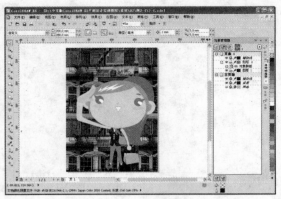

图 2-15　导入位图　　　　　　　　　　　　图 2-16　设置位图背景

3. 删除页面背景

选择菜单栏中的【布局】|【页面背景】命令，打开【选项】对话框。在对话框中，选中【无背景】单选按钮可以快速移除页面背景。当启用该按钮时，绘图页面恢复到原来的状态，不会影响绘图的其余部分。

2.3　设置多页文档

CorelDRAW 支持在一个文件中创建多个页面，在不同的页面中可以进行不同的图形绘制与处理。

§ 2.3.1　插入页面

默认状态下，新建的文件中只有一个页面，通过插入页面，可以在当前文件中插入一个或多个新的页面。要插入页面，可以通过以下操作方法。

➤ 选择【布局】|【插入页面】命令，在打开的【插入页面】对话框中，可以对需要插入的页面数量、插入位置、版面方向以及页面大小等参数进行设置。设置好后，单击【确定】按钮即可。

➤ 在页面左下方的标签栏上，单击页面信息左边的 按钮，可在当前页面之前插入一个新的页面；单击右边的 按钮，可在当前页面之后插入一个新的页面。如图 2-17 所示。插入的页面具有和当前页面相同的页面设置。

图 2-17　插入页面

➤ 在页面标签栏的页面名称上单击鼠标右键，在弹出的菜单中选择【在后面插入页面】或【在前面插入页面】命令，同样也可以在当前页面之后或之前插入新的页面，如图 2-18 所示。

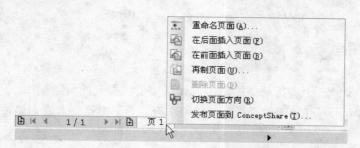

图 2-18　插入页面命令

【例2-5】在打开的绘图文件中，插入页面。

(1) 在 CorelDRAW 应用程序中，选择打开一幅绘图文件，如图 2-19 所示。

(2) 选择【布局】|【插入页面】命令，打开【插入页面】对话框。设置【页码数】为2，【宽度】数值为 100，单击【横向】按钮，然后单击【确定】按钮，即可在原有页面后添加两页，如图 2-20 所示。

图 2-19　打开图像

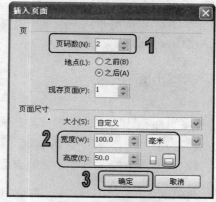

图 2-20　插入页面

§2.3.2　重命名页面

通过对页面重新命名，可以方便地在绘图工作中快速、准确地查找到需要编辑修改的页面。要重命名页面，可以在需要重命名的页面上单击，将其设置为当前页面，然后选择【布局】|【重命名页面】命令，打开【重命名页面】对话框，在【页名】文本框中输入新的页面名称，单击【确定】按钮即可，如图 2-21 所示。

用户也可以将光标移动到页面标签栏中需要重命名的页面上，单击鼠标右键，在弹出的菜单中选择【重命名页面】对话框，然后进行下一步操作。

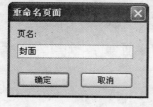

图 2-21　重命名页面

新世纪高职高专规划教材

§ 2.3.3 删除页面

在 CorelDRAW X5 中进行绘图编辑时，如果需要将多余的页面删除，可以选择【布局】|【删除页面】命令，打开如图 2-22 所示的【删除页面】对话框。在对话框的【删除页面】数值框中输入所要删除的页面序号，单击【确定】按钮即可。

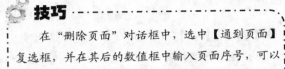

> **技巧**
>
> 在"删除页面"对话框中，选中【通到页面】复选框，并在其后的数值框中输入页面序号，可以删除多个连续的页面。

图 2-22　删除页面

在标签栏中需要删除的页面上单击鼠标右键，在弹出的菜单中选择【删除页面】命令，即可直接将该页面删除。

§ 2.3.4 调整页面

在进行多页面设计工作时，常常需要选择页面，调整页面之间的前后顺序。将需要编辑的页面切换为当前页面，可选择【布局】|【转到某页】命令，打开【转到某页】对话框。在【转到某页】数值框中输入需要选择的页面序号，单击【确定】按钮即可，如图 2-23 所示。

图 2-23　转换页面

要调整页面之间的前后顺序，在页面标签栏中需要调整顺序的页面名称上按下鼠标左键不放，然后将光标拖动到指定的位置后，释放鼠标即可，如图 2-24 所示。

图 2-24　调整页面顺序

用户还可以选择菜单栏中的【视图】|【页面排序器视图】命令，这时所创建的文档都将被排列出来，只要单击并拖动一个页面，将它放置在一个新位置即可，如图 2-25 所示。

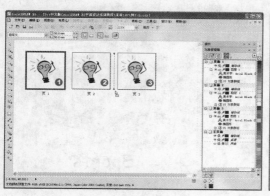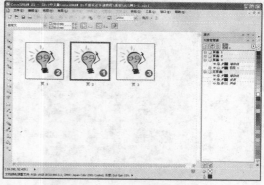

图 2-25　页面排序

2.4　视图显示

在 CorelDRAW X5 中，用户可以根据需要选择文档的显示模式，预览文档、缩放和平移画面。

§ 2.4.1　视图的显示模式

CorelDRAW X5 为用户提供了多种视图显示模式，用户可以在绘图过程中根据实际情况进行选择。这些视图显示模式包括【简单线框】、【线框】、【草稿】、【正常】、【增强】和【像素】模式。单击【视图】菜单，即可在其中查看和选择视图的显示模式。

> ➤　【简单线框】模式：该模式只显示矢量图形的外框线，不显示绘图中的填充、立体化、调和等操作效果，位图显示为灰度图。

> ➤　【线框】模式：该模式下的显示结果与【简单线框】显示模式类似，只是对所有变形对象(渐变、立体化、轮廓效果)将显示中间生成图形的轮廓，如图 2-26 所示。

> ➤　【草稿】模式：该模式以低分辨率显示所有图形对象，并可以显示标准的填充。其中，渐变填充以单色显示；花纹填充、材质填充及 PostScript 图案填充等均以一种基本图案显示；滤镜效果以普通色块显示，如图 2-27 所示。

> ➤　【正常】模式：该模式可以显示除 PostScript 以外的所有填充，以及高分辨率位图。它是最常用的显示模式，既能保证图形的显示质量，又不影响计算机显示和刷新图形的速度。

> ➤　【增强】模式：该模式以高分辨率显示所有图形对象，并使图形平滑。该模式对设备性能要求很高，也是能显示 PostScript 图案填充的唯一视图，只适用于运行在高色彩画面上，是一个显示速度慢但质量最好的视图。

> ➤　【像素】模式：显示了基于像素的绘图，允许用户放大对象的某个区域来更准确地确定对象的位置和大小。此视图还可让用户查看导出为位图文件格式的绘图。

图 2-26 【线框】模式   图 2-27 【草稿】模式

§2.4.2 使用【缩放】工具

【缩放】工具可以用来放大或缩小视图的显示比例，更方便用户对图形的局部进行浏览和编辑。使用【缩放】工具的操作方法有以下两种。

➤ 单击工具箱中的【缩放】工具按钮，当光标变为放大镜形状时，在页面上单击鼠标左键，即可将页面逐级放大。

➤ 选中【缩放】工具，在页面上按下鼠标左键，拖动鼠标框选出需要放大显示的范围，释放鼠标后即可将框选范围内的视图放大显示，并最大范围地显示在整个工作区中，如图 2-28 所示。

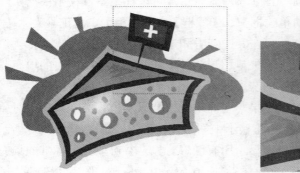

图 2-28 使用【缩放】工具

选择【缩放】工具后，在属性栏中会显示出该工具的相关选项，如图 2-29 所示。

图 2-29 【缩放】工具属性栏

➤ 单击【放大】按钮，或按快捷键 F2，使视图放大两倍，按下鼠标右键会缩小为原来的 50%显示。

➤ 单击【缩小】按钮，或按快捷键 F3，使视图缩小为原来的 50%显示。

➤ 单击【缩放选定对象】按钮，或按快捷键 Shift+F2，会将选定的对象最大化显示在页面上。

> ➢ 单击【缩放全部对象】按钮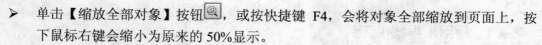，或按快捷键 F4，会将对象全部缩放到页面上，按下鼠标右键会缩小为原来的 50%显示。
> ➢ 单击【显示页面】按钮，或按快捷键 Shift+F4，会将页面的宽和高最大化全部显示出来。
> ➢ 单击【按页宽显示】按钮，会最大化地按页面宽度显示，按下鼠标右键会将页面缩小为原来的 50%显示。
> ➢ 单击【按页高显示】按钮，会最大化地按页面高度显示，按下鼠标右键会将页面缩小为原来的 50%显示。

§2.4.3　使用【视图管理器】

用户可以选择菜单栏中的【视图】|【视图管理器】命令，打开【视图管理器】泊坞窗，也可以选择【窗口】|【泊坞窗】|【视图管理器】命令，或按 Ctrl+F2 快捷键打开，如图 2-30 所示。

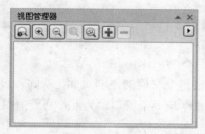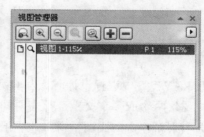

图 2-30　【视图管理器】泊坞窗

> ➢ 【缩放一次】按钮：单击该按钮或按 F2 键，鼠标即可转换为状态，此时单击鼠标左键可放大图像；相反，单击鼠标右键可以缩小图像。
> ➢ 【放大】按钮和【缩小】按钮：单击这两个按钮可以分别为对象执行放大或缩小显示操作。
> ➢ 【缩放选定对象】按钮：在选取对象后，单击该按钮或按下 Shift+F2 键，即可对选定对象进行缩放。
> ➢ 【缩放全部对象】按钮：单击该按钮或按下 F4 键，即可将全部对象缩放。
> ➢ 【添加当前视图】按钮：单击该按钮，即可将当前视图保存。
> ➢ 【删除当前视图】按钮：选中保存的视图后，单击该按钮，即可将其删除。

 提示

　在【视图管理器】泊坞窗中，单击已保存的视图左边的页面图标，使其成为灰色状态显示后，表示禁用。用户切换到该视图时，CorelDRAW 只切换到缩放级别，而不切换到页面。同样如果禁用放大镜图标，则 CorelDRAW 只切换到页面，而不切换到该缩放级别。

§2.4.4　使用【平移】工具

当页面显示超出当前工作区时，可以选择工具箱中的【平移】工具观察页面中的其他部分。选择该工具后，在页面上单击并拖动即可移动页面，如图 2-31 所示。

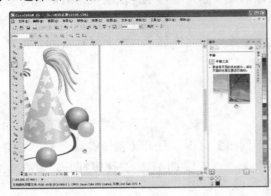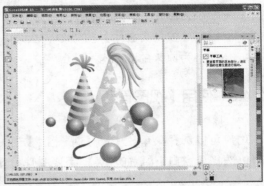

图 2-31　移动页面

§2.4.5　窗口操作

在 CorelDRAW X5 中进行设计时，为了观察一个文档的不同页面，或同一页面中的不同部分，或同时观察两个或多个文档，都需要同时打开多个窗口。为此，可选择【窗口】菜单命令的适当选项来新建窗口或调整窗口的显示。

> ➢ 【新建】命令可创建一个和原有窗口相同的窗口。
> ➢ 【层叠】命令可将多个绘图窗口按顺序层叠在一起，这样有利于用户从中选择需要使用的绘图窗口。通过单击窗口标题栏，即可将选中的窗口设置为当前窗口，如图 2-32 所示。
> ➢ 【水平平铺】和【垂直平铺】命令，可以在工作区中同时显示两个或多个窗口，如图 2-33 所示。
> ➢ 【排列图标】命令可以将调节后的窗口图标按照一定的顺序进行重新排列。使用该命令，必须将窗口最小化。

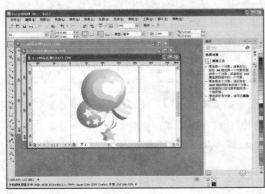

图 2-32　层叠窗口　　　　　　　　　　　　图 2-33　垂直平铺

2.5　设置工具选项

辅助绘图工具用于在图形绘制过程中提供操作参考或辅助作用，可以帮助用户更快捷、更准确地完成操作。CorelDRAW X5 中的辅助绘图工具包括标尺、辅助线和网格，用户可以根据绘图需要，对它们进行应用与设置。

§2.5.1　设置辅助线

辅助线是设置在页面上用来帮助用户准确定位对象的虚线。它可以帮助用户快捷、准确地调整对象的位置以及对齐对象等。辅助线可以放置在绘图窗口的任何位置，可以设置水平、垂直和倾斜三种形式的辅助线。在输出文件时，辅助线不会同文件一起被打印出来，但会同文件一起保存。

1. 辅助线的显示和隐藏

用户可以设置是否显示辅助线。选择【视图】|【辅助线】命令，【辅助线】命令前显示复选标记☑，即添加的辅助线显示在绘图窗口中，否则将被隐藏。

 提示

> 使用【选择】工具单击一条辅助线，则该辅助线呈现红色被选取状态。如果要选择所有辅助线，选择【编辑】|【全选】|【辅助线】命令即可。选取辅助线后，选择【排列】|【锁定对象】命令，该辅助线即被锁定，这时不能对其进行移动、删除等操作。要解除锁定，可将光标放置在锁定的辅助线上，单击鼠标右键，在弹出的菜单中选择【解除锁定对象】命令即可。

选择【工具】|【选项】命令，或单击标准工具栏中的【选项】按钮，在弹出的如图2-34 所示的【选项】对话框中单击左侧的【文档】|【辅助线】选项显示设置选项，然后选中【显示辅助线】复选框。

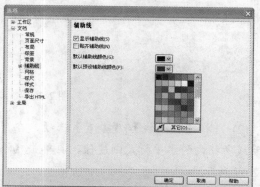

图 2-34　【选项】对话框

> 【显示辅助线】选项：用于隐藏或显示辅助线。
> 【贴齐辅助线】选项：选中该复选框后，在页面中移动对象时，对象将自动向辅助线靠齐。
> 【默认辅助线颜色】和【默认预设辅助线颜色】选项：在对应的下拉列表中选择需要的颜色，修改辅助线和预设辅助线在绘图窗口中显示的颜色。

2. 辅助线的设置

用户可以设置水平、垂直和倾斜的辅助线，也可以在页面中对其进行按顺时针或逆时针方向旋转、锁定和删除等操作。

将光标移动到水平或垂直标尺上，按下鼠标左键并向绘图工作区中拖动，即可创建一条辅助线，将辅助线拖动到需要的位置后释放鼠标，即可完成对其的定位，如图 2-35 所示。另外通过【选项】对话框，还可以精确地添加辅助线以及对对齐属性进行设置。

图 2-35　创建辅助线

【例 2-6】在 CorelDRAW X5 应用程序中，精确添加辅助线。

(1) 选择【工具】|【选项】命令，在【选项】对话框中，选择【辅助线】|【水平】选项，在【水平】下方的数值框中，输入需要添加的水平辅助线指向的垂直标尺刻度值。单击【添加】按钮，将数值添加到下面的数值框中，如图 2-36 所示。

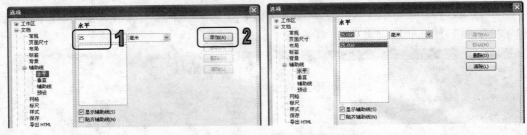

图 2-36　添加辅助线设置 1

(2) 选择【辅助线】|【垂直】选项，在【垂直】下方的数值框中，输入需要添加的垂直辅助线所指向的水平标尺刻度值，再单击【添加】按钮，将数值添加到下面的数值框中，如图 2-37 所示。

图 2-37 添加辅助线设置 2

(3) 选择【辅助线】|【辅助线】选项，在【指定】下拉列表中选择【角度和 1 点】选项，在 X、Y 的数值框中输入该点坐标，在【角度】数值框中输入指定的角度 45º，再单击【添加】按钮，如图 2-38 所示。设置好所有的选项后，单击【选项】对话框中的【确定】按钮即可完成添加辅助线的操作。

图 2-38 添加辅助线设置 3

提示

【指定】下拉列表中【2 点】选项是指要连成一条辅助线的两个点。选择该选项后，在对话框中分别输入两点的坐标数值。【角度和 1 点】选项是指可以指定的某个点和角度，辅助线以指定的角度穿过该点。

技巧

使用【选择】工具单击辅助线，当显示倾斜手柄时，将鼠标移动到倾斜手柄上按下鼠标左键不放，拖动鼠标即可对辅助线进行旋转，如图 2-39 所示。

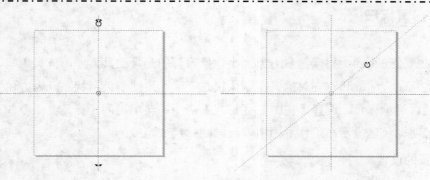

图 2-39 旋转辅助线

3. 预设辅助线

预设辅助线是 CorelDRAW X5 应用程序为用户提供的一些辅助线设置样式，其中包括【Corel 预设】和【用户定义预设】两个选项。在【选项】对话框中选择【辅助线】|【预设】选项，默认状态下，系统会选中【Corel 预设】单选按钮，其中包括【一英寸页边距】、【出血区域】、【页边框】、【可打印区域】、【三栏通讯】、【基本网格】和【左上网格】预设辅助线选项。选择好需要的选项后，单击【确定】按钮即可，如图 2-40 所示。

在【预设】选项中，选中【用户定义预设】单选按钮后，对话框设置选项如图 2-41 所示。

> 页边距：辅助线离页面边缘的距离。选中该复选框，在【上】、【左】旁的数值框中输入页边距的数值，则【下】、【右】旁边的数值框中输入相同的数值。取消【镜像页边距】复选框的选中，可以输入不同的页边距数值。

> 栏：是指将页面垂直分栏。【栏数】是指页面被划分成栏的数量；【间距】是指每两栏之间的距离。

> 网格：是在页面中将水平和垂直辅助线相交后形成网格的形式。可通过【频率】和【间隔】来修改网格设置。

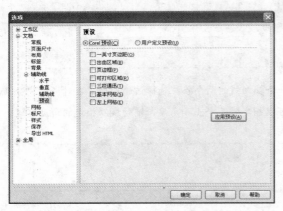

图 2-40　Corel 预设

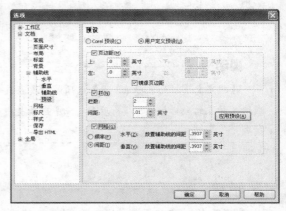

图 2-41　用户定义预设

§2.5.2　设置标尺

标尺是放置在页面上用来测量对象大小、位置等的测量工具。使用标尺工具，可以帮助用户准确地绘制、缩放和对齐对象。在默认状态下，标尺处于显示状态。为方便操作，用户可以设置是否显示标尺。选择【视图】|【标尺】命令，菜单中的【标尺】命令前显示复选标记，即说明标尺已显示在工作界面中，反之则标尺被隐藏。

1. 标尺的设置

用户还可以根据绘图的需要，对标尺的单位、原点、刻度记号等进行设置。选择【工具】|【选项】命令或双击标尺，在弹出的【选项】对话框中选中【文档】|【标尺】选项，如图

2-42 所示。

➢ 【单位】选项：在下拉列表中可选一种测量单位，默认的单位是【英寸】。

➢ 【原始】选项：在【水平】和【垂直】数值框中输入精确的数值，以自定义坐标原点的位置。

➢ 【记号划分】选项：在数值框中输入数值来修改标尺的刻度记号。输入的数值决定每一段数值之间刻度记号的数量。CorelDRAW X5 中的刻度记号数量最多为 20，最少为 2。

➢ 【编辑缩放比例】按钮：单击该按钮，弹出【绘图比例】对话框，在对话框的【典型比例】下拉列表中，可选择不同的刻度比例，如图 2-43 所示。

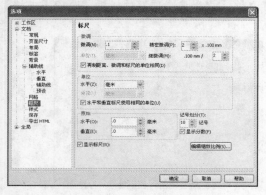

图 2-42 【标尺】选项

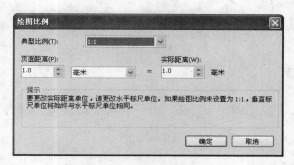

图 2-43 设置比例

2. 调整标尺

在 CorelDRAW X5 中，用户可以根据需要调整标尺在工作区中的位置。只需按住 Shift 键在所需标尺上按下鼠标并拖动其至工作区中所需位置时释放即可。如果想要同时移动两个标尺，可以按住 Shift 键在两个标尺相交点位置 按下鼠标并拖动，然后拖动至合适位置时释放鼠标，如图 2-44 所示。要想将标尺还原至默认位置，只需按住 Shift 键在标尺上双击即可。

图 2-44 拖动标尺

为了方便对图形进行测量，可以将标尺的原点调整到所需要的位置。将光标移至水平与

新世纪高职高专规划教材

垂直标尺的  按钮上，按住鼠标左键不放，将原点拖至绘图窗口中，这时会出现两条垂直相交的虚线，拖动原点到需要的位置后释放鼠标，此时原点就被设置到这个位置。双击标尺原点 按钮，可以恢复标尺原点默认状态。

§2.5.3 设置网格

网格是由均匀分布的水平和垂直线组成的，使用网格可以在绘图窗口中精确地对齐和定位对象。通过指定频率或间隔，可以设置网格线或点之间的距离，从而使定位更加精确。

【**例 2-7**】在图形文件中显示、设置网格。

(1) 在工作区中的页面边缘的阴影上双击鼠标左键，打开【选项】对话框，选择【文档】|【网格】选项，如图 2-45 所示。

图 2-45 显示【网格】选项

(2) 默认状态下，【显示网格】复选框处于未选取状态，此时在工作区中不会显示网格。要显示网格，只要选择该复选框即可。在【水平】和【垂直】数值框中输入相应的数值 10，并在右侧的下拉列表中选择【毫米间距】，设置好所有的选项后，单击【确定】按钮即可。如图 2-46 所示。

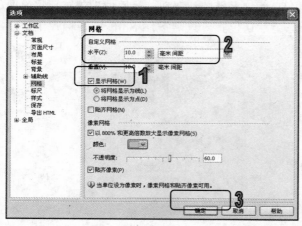

图 2-46 设置网格

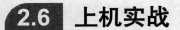

2.6 上机实战

本章的上机实战主要练习新建空白文档，使用户更好地掌握新建文档、辅助线设置等基本操作方法和技巧。

(1) 启动 CorelDRAW X5 应用程序，在打开的欢迎屏幕窗口中，单击【新建空白文档】选项，打开【创建新文档】对话框，在【大小】下拉列表中选择 A4，然后单击【确定】按钮新建文档，如图 2-47 所示。

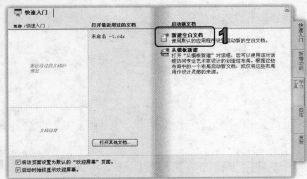
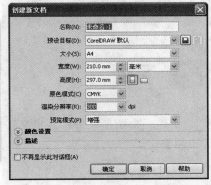

图 2-47 使用欢迎屏幕窗口新建文档

(2) 选择菜单栏中的【工具】|【选项】命令，打开【选项】对话框。在对话框左侧【文档】类别列表中，选择【辅助线】类别列表中的【预设】选项。选中【用户定义预设】单选按钮，选中【页边距】复选框，设置【上】数值为 20 毫米、【下】数值为 20 毫米，如图 2-48 所示。

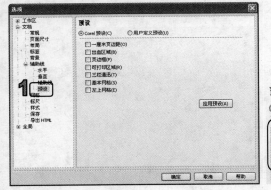

图 2-48 设置页边距

(3) 选中【列】复选框，设置【栏数】数值为 2、【间距】数值为 5 毫米，单击【应用预设】按钮，然后单击【确定】按钮，在页面中显示辅助线，如图 2-49 所示。

新世纪高职高专规划教材

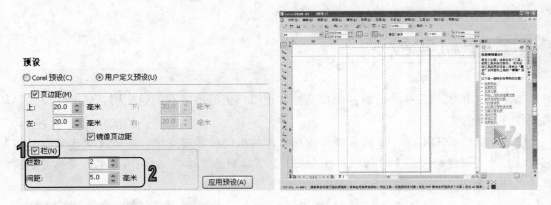

图 2-49　设置并应用辅助线

2.7　习题

1. 新建一个图形文件，并将文件页面背景设置为黄色，然后以"新图形"文件名称保存在【桌面】上。

2. 打开两个图形文件，然后在工作区中使用平铺的方法观察图形文件。

第 3 章

绘制基本图形

主要内容　　在 CorelDRAW X5 应用程序中可以使用工具直接绘制规则图形和不规则图形。它们是使用 CorelDRAW 绘制图形中最为基础的部分，熟练掌握这些图形的绘制方法，可以为绘制更加复杂的图形打下坚实的基础。

本章重点
- ➤ 绘制几何图形
- ➤ 绘制线段
- ➤ 使用【艺术笔】工具
- ➤ 使用【钢笔】工具
- ➤ 使用连线工具
- ➤ 使用度量工具

3.1　绘制几何图形

CorelDRAW X5 为用户提供了多种绘制基本几何图形的工具。使用这些工具，用户就能轻松快捷地绘制出矩形、圆形、多边形、星形、螺纹等几何图形。

§ 3.1.1　绘制矩形

使用【矩形】工具和【3 点矩形】工具都可以绘制出用户所需要的矩形或正方形，并且通过属性栏还可以绘制出圆角、扇形角和倒棱角矩形。

1. 使用【矩形】工具

要绘制矩形，在工具箱中选择【矩形】工具，在绘图页中按下鼠标并拖动出一个矩形轮廓，拖动矩形轮廓范围至合适大小时释放鼠标，即可创建矩形。在绘制矩形时，按住 Ctrl 键并按下鼠标拖动，可以绘制出正方形，如图 3-1 所示。

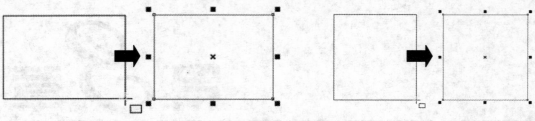

图 3-1　使用【矩形】工具

选择【矩形】工具时，工具属性栏显示为如图 3-2 所示的【矩形】工具属性栏。在该工具属性栏中通过设置参数选项，用户不仅可以精确地绘制矩形或正方形，而且还可以绘制出不同角度的矩形或正方形。

图 3-2　【矩形】工具属性栏

【例 3-1】在绘图文件中，使用【矩形】工具绘制图形。

(1) 在工具箱中选择【矩形】工具。将光标移动到绘图窗口中，按下鼠标左键并向另一方向拖动鼠标，释放鼠标后，即可在页面上绘制出矩形，如图 3-3 所示。

(2) 在工具属性栏中，单击【同时编辑所有角】按钮，然后在矩形边角圆滑度数值框中输入数值；在【轮廓宽度】下拉列表中选择 5.0mm，可更改矩形对象的轮廓宽度，如图 3-4 所示。

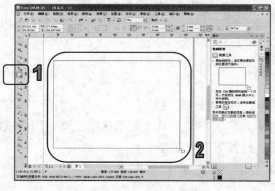

图 3-3　绘制矩形

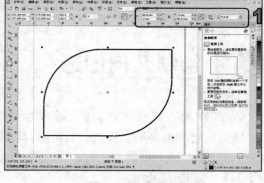

图 3-4　调整图形

技巧

绘制好矩形后，选择【形状】工具，将光标移至所选矩形的节点上，拖拽其中任意一个节点，均可得到圆角矩形，如图 3-5 所示。另外，属性栏中除提供了【圆角】按钮，还提供了【扇形角】按钮和【倒棱角】按钮，单击按钮可变换角效果，如图 3-6 所示。

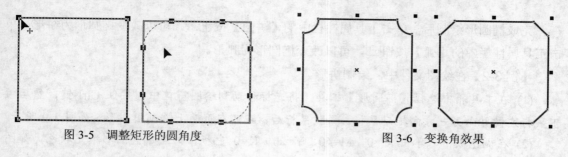

图 3-5 调整矩形的圆角度　　　　　图 3-6 变换角效果

2. 使用【3 点矩形】工具

在 CorelDRAW X5 应用程序中，用户还可以使用工具箱中的【3 点矩形】工具绘制矩形。单击工具箱中的【矩形】工具图标右下角的黑色小三角按钮，在打开的工具组中选择【3 点矩形】工具；然后在工具区中按下鼠标并拖动，拖动至合适位置时释放鼠标，创建出矩形图形的一边；再移动光标设置矩形图形另外一边的长度范围，在合适位置单击确定即可，如图 3-7 所示。

图 3-7 使用【3 点矩形】工具

§ 3.1.2 绘制圆形

使用工具箱中的【椭圆形】工具和【3 点椭圆形】工具，可以绘制椭圆形和圆形。另外，通过设置【椭圆形】工具属性栏还可绘制饼形和弧形。

1. 使用【椭圆形】工具

要绘制椭圆形，在工具箱中选择【椭圆形】工具，在绘图页中按下鼠标并拖动出一个椭圆轮廓；拖动椭圆轮廓范围至合适大小时释放鼠标，即可创建椭圆形，如图 3-8 所示。在绘制椭圆形的过程中，如果按住 Shift 键，则会以起始点为圆点绘制椭圆形；如果按住 Ctrl 键，则绘制圆形；如果按住 Shift+Ctrl 键，则会以起始点为圆心绘制圆形。

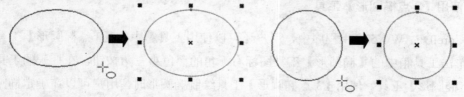

图 3-8 使用【椭圆形】工具

完成椭圆形绘制后，单击工具属性栏中的【饼图】按钮 ⚪，可以改变椭圆形为饼形；单击工具属性栏中的【弧】按钮 ⚪，可以改变椭圆形为弧形。

【例 3-2】在绘图文件中，绘制饼形。

(1) 在工具箱中选择【椭圆形】工具。将光标移动到绘图窗口中，按住 Ctrl 键，然后按下鼠标左键并向另一方向拖动鼠标，释放鼠标后，即可在页面上绘制出圆形，如图 3-9 所示。

(2) 在调色板中，单击 C=0、M=40、Y=20、K=0 色板，为绘制的圆形填充颜色，如图 3-10 所示。

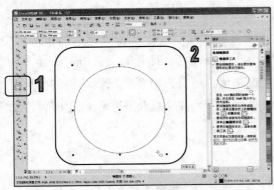

图 3-9　绘制圆形

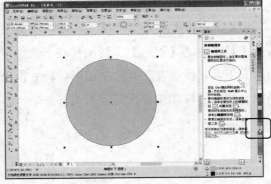

图 3-10　填充颜色

(3) 单击属性栏中的【饼形】按钮 ⚪，并在【轮廓宽度】下拉列表中选择【无】，如图 3-11 所示。

(4) 在属性栏中设置起始和结束角度分别为 30° 和 340°，如图 3-12 所示。

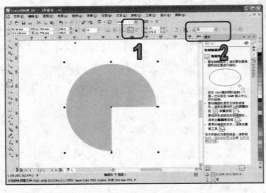

图 3-11　设置饼形

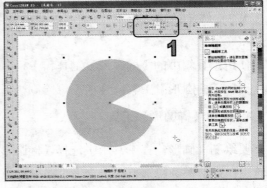

图 3-12　设置起始和结束角度

2. 使用【3 点椭圆形】工具

在 CorelDRAW X5 应用程序中，用户还可以使用工具箱中的【3 点椭圆形】工具绘制椭圆形。单击工具箱中的【椭圆形】工具图标右下角的黑色小三角按钮，在打开的工具组中选择【3 点椭圆形】工具。使用【3 点椭圆形】工具绘制椭圆形时，用户可以在确定椭圆的直径后，沿该直径的垂直方向拖动鼠标，在合适位置释放鼠标后，即可绘制出带有角度的椭圆形，

如图 3-13 所示。

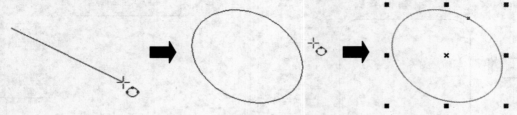

图 3-13　使用【3 点椭圆形】工具

§ 3.1.3　绘制多边形

多边形是由多个边线组成的规则图形。用户可以使用【多边形】工具自定义多边形的边数，多边形的边数最少可设置为 3 条边，即三角形。设置的边数越大，越接近圆形。

在工具箱中选择【多边形】工具，移动光标至绘图页中，按下鼠标并向斜角方向拖动出一个多边形轮廓，拖动至合适大小时释放鼠标，即可绘制出一个多边形。如图 3-14 所示。

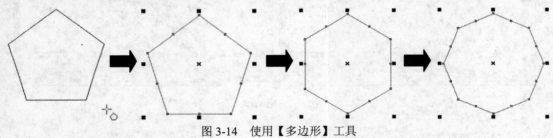

图 3-14　使用【多边形】工具

技巧

使用【多边形】工具绘制多边形时，如果按住 Shift 键，会以起始点为中心绘制多边形；如果按住 Ctrl 键可以绘制正多边形；如果按住 Shift+Ctrl 键可以以起始点为中心绘制正多边形。

【例 3-3】在绘图文件中，使用【多边形】工具绘制复杂图形。

(1) 在工具箱中选择【多边形】工具，按下鼠标左键，随意拖动鼠标到适当的位置后释放鼠标，即可绘制出指定边数的多边形，如图 3-15 所示。

(2) 在属性栏的【点数或边数】数值框中输入多边形的边数为 8，设置【轮廓宽度】数值为 4pt，并在调色板中右击 C=0、M=60、Y=100、K=0 色板设置轮廓颜色，如图 3-16所示。

(3) 选择【形状】工具拖动任一边上的节点，其余各边的节点也会发生相应的变化，如图 3-17 所示。

新世纪高职高专规划教材

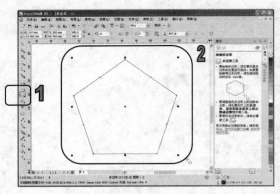
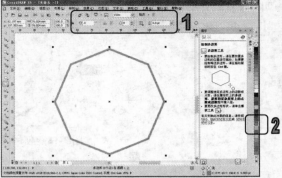

图 3-15　绘制多边形　　　　　　　　　　图 3-16　调整多边形

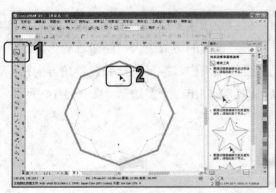
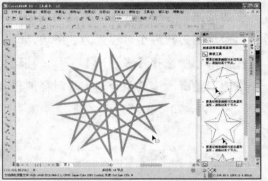

图 3-17　拖动节点

§3.1.4　绘制星形

使用【星形】和【复杂星形】工具可以绘制出不同效果的星形。其绘制方法与多边形的绘制方法基本相同，同时还可以在工具属性栏中更改星形的锐度。

 提示

　属性栏中的【星形和复杂星形锐度】是指星形边角的尖锐程度。设置不同的边数后，复杂星形的尖锐度也各不相同。当复杂星形的端点数低于 7 时，不能设置锐度。通常情况下，复杂星形的点数越多，边角的尖锐度越高。

【例 3-4】在绘图文件中，使用【复杂星形】工具绘制星形。

(1) 选择工具箱中的【复杂星形】工具，按下鼠标左键，随意拖动鼠标到适当的位置后释放鼠标，绘制出复杂星形。在属性栏的【点数或边数】数值框中输入多边形的边数为 9，在【锐度】数值框中输入 2，然后在调色板中设置复杂星形的填充为粉色、轮廓为红色，如图 3-18 所示。

新世纪高职高专规划教材

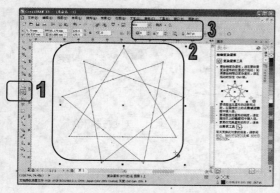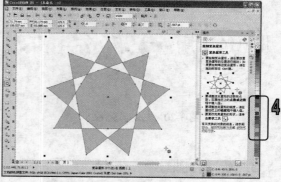

图 3-18　绘制星形

(2) 在属性栏的【点数或边数】数值框中输入多边形的边数 20，【锐度】数值框中输入4，然后按 Enter 键应用，如图 3-19 所示。

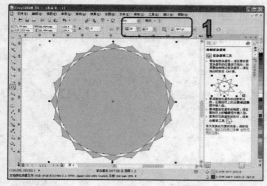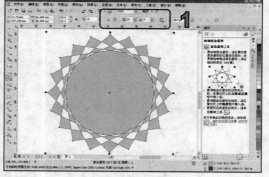

图 3-19　设置星形

§ 3.1.5　绘制螺纹

使用工具箱中的【螺纹】工具，用户可以绘制出螺纹图形，绘制的螺纹图形有对称式螺纹和对数式螺纹两种。默认设置下使用【螺纹】工具绘制的图形为对称式螺纹。

使用【螺纹】工具绘制螺纹图形时，如果按住 Shift 键，可以以起始点为中心绘制螺纹图形；如果按住 Ctrl 键，可以绘制圆螺纹图形；如果按住 Shift+Ctrl 键，可以以起始点为中心绘制圆螺纹图形。

➤ 对称式螺纹：指螺纹均匀扩展，具有相等的螺纹间距。如图 3-20 所示。

➤ 对数式螺纹：指螺纹中心不断向外扩展的螺旋方式，螺纹间的距离从内向外不断扩大，如图 3-21 所示。

新世纪高职高专规划教材

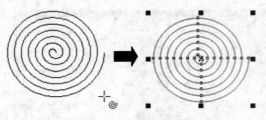

图 3-20　对称式螺纹　　　　　　　　　　　　　　图 3-21　对数式螺纹

§ 3.1.6　绘制图纸

使用【图纸】工具，可以绘制不同行数和列数的网格图形，绘制出的网格，由一组矩形或正方形群组而成，用户也可以取消群组，使其成为独立的矩形或正方形。

在工具箱中单击【图纸】工具，在工具属性栏的【图纸行和列数】数值框中输入数值指定行数和列数，然后在绘图页中按下鼠标并拖动创建网格。如果要从中心向外绘制网格，可在拖动鼠标时按住 Shift 键；如果要绘制方形单元格的网格，可在拖动鼠标时按住 Ctrl 键。

技巧

要拆分网格，先选择工具箱中的【挑选】工具选择一个网格图形，然后单击【排列】|【取消群组】命令，或单击工具属性栏中的【取消群组】按钮 即可。

【例 3-5】在绘图文件中，使用【图纸】工具绘制网格。

(1) 选择工具箱中的【图纸】工具，在属性栏中设置图纸行列数各为 4，然后在绘图页中，按下鼠标左键，随意拖动鼠标到适当的位置后释放鼠标，绘制出网格，如图 3-22 所示。

(2) 按 Ctrl+U 键取消群组，选择工具箱中的【选择】工具选中一个网格，然后在调色板中单击红色，填充选中的网格，如图 3-23 所示。

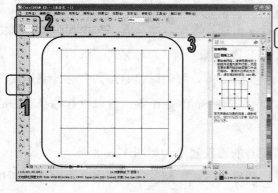　　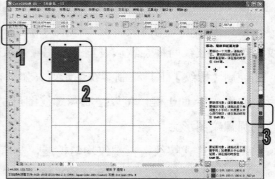

图 3-22　绘制网格　　　　　　　　　　　　　　图 3-23　填充网格

(3) 在属性栏中，单击【锁定比率】按钮，设置【缩放因子】数值为 90%，再设置【圆角半径】数值为 3mm，如图 3-24 所示。

(4) 使用步骤(2)至步骤(3)的操作方法，选择其他网格，然后在调色板中单击选择颜色，填充选中的网格，最终效果如图 3-25 所示。

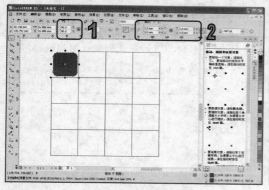

图 3-24　调整网格　　　　　　　　　　图 3-25　填充网格

§ 3.1.7　绘制基本形状

基本形状工具组为用户提供了基本形状、箭头形状、流程图形状、标题形状和标注形状 5 组基本形状样式，在【基本形状】工具上按下鼠标左键不放，即可展开工具组。每个基本形状工具都包含有多个基本形状扩展图形。

【例 3-6】在绘图文件中，绘制预定义形状。

(1) 选择工具箱中的【标题形状】工具，在属性栏中单击打开【完美形状】挑选器选择形状。在绘图页中，使用【标题形状】工具，按住鼠标并拖动绘制形状，如图 3-26 所示。

(2) 在属性栏中，设置【轮廓宽度】数值为 3mm，如图 3-27 所示。

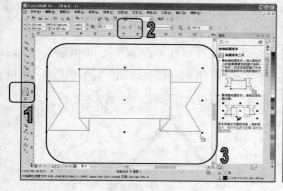
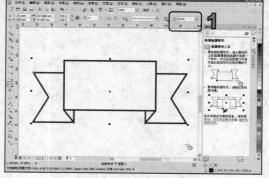

图 3-26　绘制形状　　　　　　　　　　图 3-27　设置轮廓

(3) 选择【形状】工具，拖动形状轮廓沟槽，直至得到所需的形状，如图 3-28 所示。

新世纪高职高专规划教材

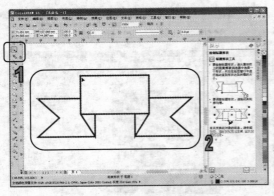

图 3-28　拖动形状轮廓沟槽

3.2　绘制线段

线段是两个点之间的路径。线段可以是曲线也可以是直线。线段通过节点连接，节点以小方块表示。CorelDRAW 提供了各种绘图工具，通过这些工具可以绘制曲线和直线，以及同时包含曲线段和直线段的线条。

§ 3.2.1　使用【手绘】工具

使用【手绘】工具可以自由地绘制直线和曲线。针对这两种线条，操作方法也有所不同。

➤ 绘制曲线：在要开始曲线的位置单击并进行拖动。在属性栏的【手绘平滑】框中输入一个值可以控制曲线的平滑度。值越大，产生的曲线越平滑。

➤ 绘制直线：在要开始线条的位置单击，然后在要结束线条的位置单击。绘制时，按住 Ctrl 键可以按照预定义的角度创建直线。

【手绘】工具除了可以绘制简单的线段外，还可以配合属性栏绘制出不同粗细、线形的线段，并添加箭头图形。使用【手绘】工具还可以绘制封闭的曲线图形，当曲线的终点回到起点位置、光标变为 形状时单击鼠标左键，即可绘制出封闭图形，如图 3-29 所示。

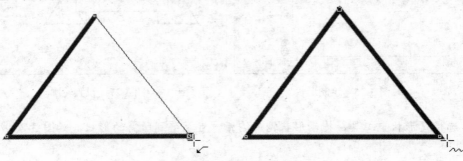

图 3-29　绘制封闭曲线

新世纪高职高专规划教材

【例 3-7】在绘图文件中，使用【手绘】工具绘制。

(1) 选择工具箱中的【手绘】工具，光标显示为 ⁺ 形状时即可开始绘制线条。单击并拖动鼠标，沿鼠标的移动轨迹，完成线条的绘制，如图 3-30 所示。

(2) 在属性栏中，设置【轮廓宽度】数值为 4，然后在【终止箭头】下拉列表中选择【箭头 79】样式，在【线条样式】下拉列表中选择一种线条，如图 3-31 所示。

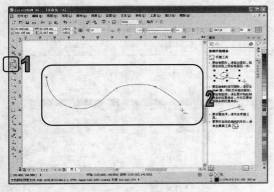

图 3-30　绘制曲线

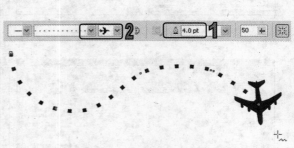

图 3-31　设置曲线样式

§ 3.2.2　使用【贝塞尔】工具

【贝塞尔】工具用于绘制平滑、精确的曲线，通过改变节点和控制点的位置，可以控制曲线的弯曲度。

➢ 要绘制曲线段，在要放置第一个节点的位置单击，并按住鼠标拖动调整控制手柄；释放鼠标，将光标移动至下一节点位置单击，然后拖动控制手柄以创建曲线。

➢ 要绘制直线段，在要开始该线段的位置单击，然后在要结束该线段的位置单击。

【例 3-8】在绘图文件中，使用【贝塞尔】工具绘制图形。

(1) 在工具箱中选择【贝塞尔】工具，然后在绘图窗口中按下鼠标左键并拖动鼠标，确定起始节点。此时节点两边将出现两个控制点，连接控制点的是一条蓝色的控制线，如图 3-32 所示。

(2) 将光标移到适当的位置按下鼠标左键并拖动，这时第 2 个节点的控制线长度和角度都将随光标的移动而改变，同时曲线的弯曲度也发生变化。调整好曲线形态以后，释放鼠标即可，如图 3-33 所示。

(3) 将光标移至起始节点的位置，当光标显示为 ⁺↙ 时，单击鼠标左键封闭图形，如图 3-34 所示。

(4) 选择工具箱中的【形状】工具，选中第 2 个节点，单击属性栏中的【尖突节点】按钮 ⚡ ，然后使用【形状】工具调整控制点位置以改变图形形状，如图 3-35 所示。

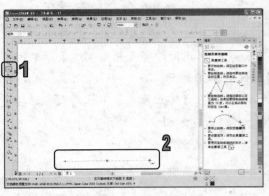

图 3-32　确定起始点

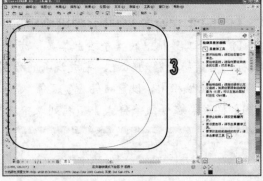

图 3-33　拖动曲线

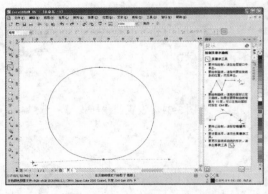

图 3-34　封闭图形

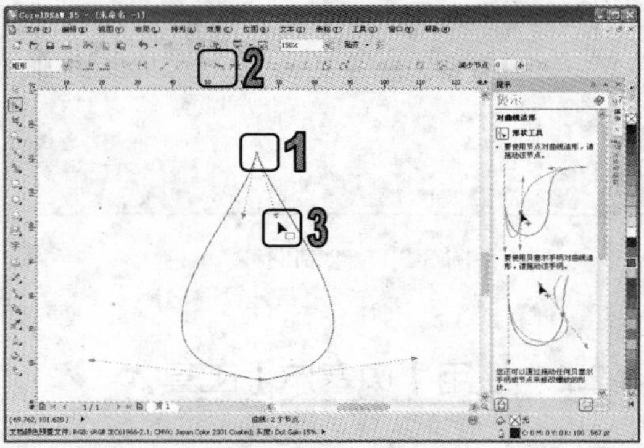

图 3-35　调整图形

§3.2.3　使用【艺术笔】工具

使用【艺术笔】工具可以绘制出各种艺术线条。【艺术笔】工具提供了【预设】、【笔刷】、【喷罐】、【书法】和【压力】5种笔刷模式。用户想要选择不同的笔触，只需在【艺术笔】工具属性栏上单击相应的模式按钮即可。选择所需的笔触时，其工具栏属性也将随之改变。

1. 预设模式

【艺术笔】工具的【预设】笔触有许多类型笔触，其默认状态下所绘制的是一种轮廓比较圆滑的笔触，用户也可以在工具属性栏的【预设笔触列表】中选择所需笔触样式。选择【艺术笔】工具后，在属性栏中会默认选择【预设】按钮，如图3-36所示。

图 3-36　【艺术笔】工具属性栏

➤ 【手绘平滑】：其数值决定线条的平滑程度。程序提供的平滑度最高是 100，可根据需要调整其参数设置。

➤ 【艺术媒体工具宽度】：用于设置笔触的宽度。

➤ 【笔触列表】：在其下拉列表中可选择系统提供的笔触样式。

2. 笔刷模式

CorelDRAW X5 提供了多种笔刷样式供用户选择。在使用画笔笔刷时，可以在属性栏中设置笔刷的属性，如图 3-37 所示。

图 3-37　笔刷模式的属性栏

➤ 【手绘平滑】：决定线条的平滑程度。

➤ 【艺术笔工具的宽度】：在其数值框中输入数值来决定笔触的宽度。

➤ 【浏览】：可浏览磁盘中的文件夹。

➤ 【笔触列表】：在其下拉列表中可选择系统提供的笔触样式。

➤ 【保存艺术笔触】：自定义笔触后，将其保存到笔触列表。

【例 3-9】在 CorelDRAW X5 中，使用对象自定义画笔笔触，创建自定义画笔笔触，并将其保存为预设。

(1) 选择工具箱中的【选择】工具，选择要保存为画笔笔触的图形对象，如图 3-38 所示。

(2) 选择【艺术笔】工具属性栏中的【笔刷】按钮，再单击属性栏中的【保存艺术笔触】按钮，如图 3-39 所示。此时将打开【另存为】对话框。

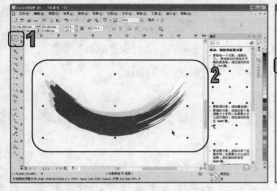

图 3-38　选择对象

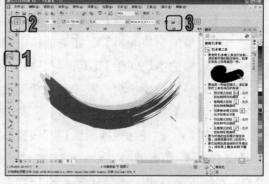

图 3-39　保存艺术笔触

(3) 在【另存为】对话框的【文件名】文本框中输入笔触名称"自定义"，然后单击【保存】按钮，即可将所选的图形保存在【类别】的下拉列表中，如图 3-40 所示。

新世纪高职高专规划教材

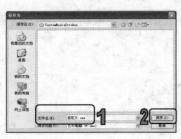

图 3-40 保存艺术笔触

3. 喷涂模式

CorelDRAW X5 允许在线条上喷涂一系列对象。除图形和文本对象外，还可导入位图和符号来沿线条喷涂。

用户通过如图 3-41 所示的属性栏可以调整对象之间的间距；可以控制喷涂线条的显示方式，使它们相互之间距离更近或更远；也可以改变线条上对象的顺序。CorelDRAW 还允许改变对象在喷涂线条中的位置，方法是沿路径旋转对象，或使用替换、左、随机和右 4 种不同的选项之一偏移对象。另外，用户还可以使用自己的对象来创建新喷涂列表。

图 3-41 喷涂模式的属性栏

> 【要喷涂的对象大小】：用于设置喷罐对象的缩放比例。
> 【喷涂列表文件列表】：在其下拉列表中可选择系统提供的笔触样式。
> 【选择喷涂顺序】：在其下拉列表中提供有【随机】、【顺序】和【按方向】3 个选项，可选择其中一种喷涂顺序来应用到对象上。
> 【喷涂列表对话框】：用来设置喷涂对象的顺序和设置喷涂对象。
> 【对象的小块颜料】：在数值框中输入数值，可调整喷涂对象的颜色属性。
> 【对象的小块间距】：可调整喷涂样式中各个元素之间的距离。
> 【旋转】：使喷涂对象按一定角度旋转。
> 【偏移】：使喷涂对象中各个元素产生位置上的偏移。分别单击【旋转】和【偏移】按钮，可打开对应的面板进行设置。

【例 3-10】 在绘图文件中，创建新喷涂列表，并进行设置。

(1) 在绘图文件中，选择【艺术笔】工具并选中需要创建为喷涂预设的对象，在属性栏中单击【喷涂】工具，在【喷射图样】下拉列表中选择【新喷涂列表】，然后单击属性栏中的【添加到喷涂列表】按钮，将该对象添加到喷涂列表中，如图 3-42 所示。

(2) 使用步骤(1)的操作方法将其他对象添加到列表中，然后单击工具属性栏中的【喷涂列表对话框】按钮，打开【创建播放列表】对话框，如图 3-43 所示。

(3) 在打开的【创建播放列表】对话框的【播放列表】中选择【图像 2】，单击【添加】按钮，再单击【确定】按钮关闭【创建播放列表】对话框，然后在绘图页面上拖动鼠标进行绘制, 如图 3-44 所示。

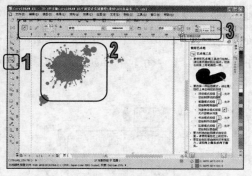
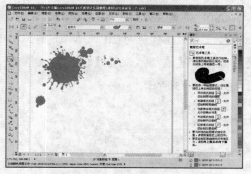

图 3-42 添加对象到喷涂列表

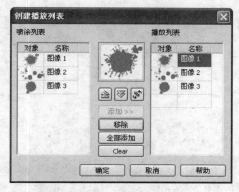

图 3-43 添加对象到播放列表

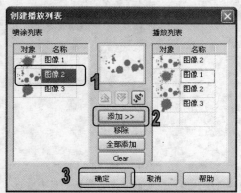
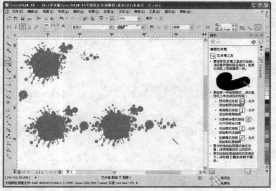

图 3-44 使用喷涂

提示

　　【创建播放列表】对话框中的【添加】按钮可以将喷涂列表中的图像添加到播放列表中；【移除】按钮可以删除播放列表中选择的图像；【全部添加】按钮可以将喷涂列表中的所有图像添加到播放列表；Clear 按钮可以删除播放列表中的所有图像。

新世纪高职高专规划教材

(4) 在【喷涂】工具属性栏中的【每个色块中图像数和图像间距】选项的下方数值框中输入 50mm; 单击【旋转】按钮，在弹出的下拉面板中设置【旋转角度】为 30°，选中【增量】复选框，设置数值为 20°；单击属性栏中的【偏移】按钮，在弹出的下拉面板中选中【使用偏移】复选框，设置【偏移】数值为 10mm，并在【方向】下拉列表中选择【随机】选项，如图 3-45 所示。

图 3-45　设置喷涂效果

4. 书法模式

CorelDRAW 允许在绘制线条时模拟书法钢笔的效果。书法线条的粗细会随着线条的方向和笔头的角度而改变，如图 3-46 所示。默认情况下，书法线条显示为铅笔绘制的闭合形状。通过改变相对于所选的书法角度绘制的线条的角度，可以控制书法线条的粗细。

图 3-46　书法线条

> **技巧**
>
> 调节【书法角度】参数值，可设置图形笔触的倾斜角度。用户设置的宽度是线条的最大宽度，线条的实际宽度由所绘线条与书法角度之间的角度决定。用户还可以选择【效果】|【艺术笔】菜单命令，然后在【艺术笔】泊坞窗中根据需要对书法线条进行设置。

§ 3.2.4　使用【钢笔】工具

在 CorelDRAW 中，使用【钢笔】工具不但可以绘制直线和曲线，而且可以在绘制完的直线和曲线上添加或删除节点，从而更加方便地控制直线和曲线。【钢笔】工具的使用方法

与【贝塞尔】工具大致相同。

想要使用【钢笔】工具绘制曲线线段，可以在工具箱中选择【钢笔】工具后，移动光标至工作区中按下鼠标并拖动，显示控制柄后释放鼠标，然后向任意方向移动，这时曲线会随光标的移动而变化，如图 3-47 所示。当对曲线的大小和形状感到满意后双击鼠标，即可结束曲线的绘制。如果想要继续绘制曲线，则在工作区所需位置单击并按下鼠标拖动一段距离后释放鼠标，即可创建出另一条曲线，如图 3-48 所示。

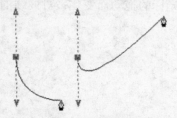
图 3-47　使用【钢笔】绘制曲线

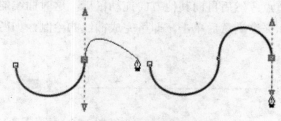
图 3-48　绘制连续曲线

§ 3.2.5　使用 B-Spline 工具

使用 B-Spline 工具可以绘制圆滑的曲线。要使用 B-spline 工具绘制，先单击开始绘制的位置，然后单击设定绘制线条所需的控制点数。要结束线条绘制时，双击该线条即可。如图 3-49 所示。

要使用控制点更改线条形状，先用【形状】工具选定线条，然后重新确定控制点位置来更改线条形状，如图 3-50 所示。要增加控制点，先用【形状】工具选择线条，然后沿控制线条双击鼠标。要删除控制点，先用【形状】工具选择线条，然后双击要删除的控制点。

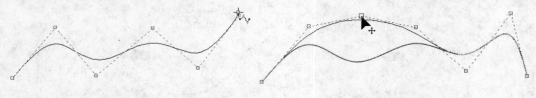

图 3-49　使用 B-spline 工具绘制　　　　　　　图 3-50　调整控制点

§ 3.2.6　使用【折线】工具

【折线】工具的使用方法与【手绘】工具基本相同，要绘制直线段，在要开始该线段的位置单击，然后在要结束该线段的位置单击。要绘制曲线段，在要开始该线段的位置单击，并在绘图页面中进行拖动。可以根据需要添加任意多条线段，并在曲线段与直线段之间进行交替，最后双击鼠标即可结束操作。

新世纪高职高专规划教材

§ 3.2.7　使用【3点曲线】工具

使用【3点曲线】工具 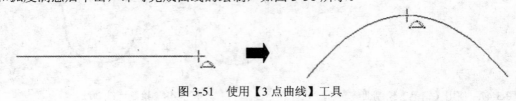 可以通过指定曲线的宽度和高度来绘制简单曲线。使用此工具可以快速创建弧形，而无需控制节点。选择工具箱中的【3点曲线】工具后，移动光标至工作区中按下鼠标设置曲线起始点，再拖动光标至终点位置释放鼠标，这样就确定了曲线的两个节点；然后再向其他方向拖动鼠标，这时曲线的弧度会随光标的拖动而变化；对曲线的大小和弧度满意后单击，即可完成曲线的绘制，如图3-51所示。

图 3-51　使用【3点曲线】工具

3.3　智能绘图

使用【智能绘图】工具绘制手绘笔触，可对手绘笔触进行识别，并转换为基本形状，如图3-52所示。矩形和椭圆将被转换为 CorelDRAW 对象；梯形和平行四边形将被转换为【完美形状】对象；而线条、三角形、方形、菱形、圆形和箭头将被转换为曲线对象。如果某个对象未转换为形状，则可以对其进行平滑处理。用形状识别所绘制的对象和曲线都是可编辑的，而且还可以设置 CorelDRAW 识别形状并将其转换为对象的等级，指定对曲线应用的平滑量。

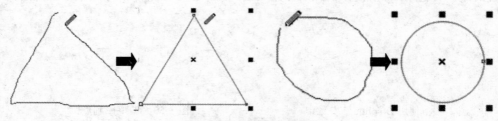

图 3-52　使用【智能绘图】工具

在工具属性栏中，可以设置【形状识别等级】和【智能平滑等级】选项，如图3-53所示。

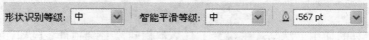

图 3-53　【智能绘图】工具属性栏

- ➤ 【形状识别等级】选项：用于选择系统对形状的识别程度。
- ➤ 【智能平滑等级】选项：用于选择系统对形状的平滑程度。

图 3-54　设置绘图协助延迟

> **技巧**
>
> 　　用户还可以设置从创建笔触到实现形状识别所需的时间。选择【工具】|【自定义】命令，打开【选项】对话框。在对话框的左侧列表中选中【工具箱】|【智能绘图工具】选项，然后在右侧拖动【绘图协助延迟】滑块，如图 3-54 所示。最短延迟为 10 毫秒，最长延迟为 2 秒。

3.4　绘制连线、标注和尺度线

　　在 CorelDRAW X5 中除了可以绘制图形外，还可以使用绘制连接线和尺寸线的功能制作流程图，精确地测量图形的大小尺寸、旋转角度等。

§ 3.4.1　使用连线工具

　　用户可以在流程图及组织图中绘制流程线，将图形连接起来。当移动其中一个或两个连接的对象时，这些线条可以使对象保持连接状态。在 CorelDRAW X5 中，提供了【直线连接器】、【直角连接器】和【直角圆形连接器】3 种连线工具。

　　【例 3-11】在绘图文件中，使用连线工具绘制流程图。

　　(1) 在绘图页面中，选择【矩形】工具绘制多个矩形，并在属性栏中设置矩形圆角半径为 5mm，在调色板中设置填充轮廓颜色，如图 3-55 所示。

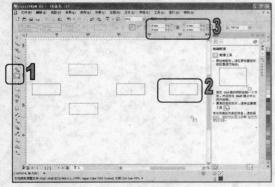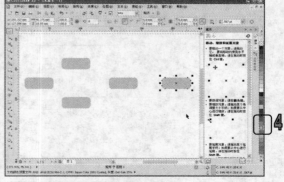

图 3-55　绘制图形

　　(2) 选择工具箱中的【直线连接器】工具，从第一个对象上的锚点拖至第二个对象上的锚点，然后在属性栏中选择一种线条样式，在【终止箭头】下拉列表中选择【箭头 3】，设置【轮廓宽度】数值为 2pt，并在调色板中将轮廓色设置为红色，如图 3-56 所示。

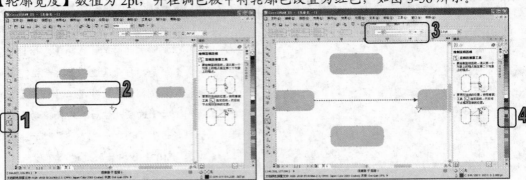

图 3-56　绘制连线

（3）使用步骤(2)的操作方法绘制其他直线连接线，如图 3-57 所示。选择【直角连接器】工具，从第一个对象上的锚点拖至第二个对象上的锚点，如图 3-58 所示。

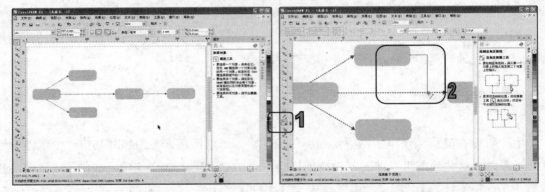

图 3-57　绘制连线　　　　　　　　　　　图 3-58　绘制连线

（4）在属性栏中选择一种线条样式，在【终止箭头】下拉列表中选择【箭头 3】，设置【轮廓宽度】数值为 2pt，并在调色板中将轮廓色设置为红色，如图 3-59 所示。

（5）使用步骤(3)至步骤(4)的操作方法绘制其他直线连接线，如图 3-60 所示。

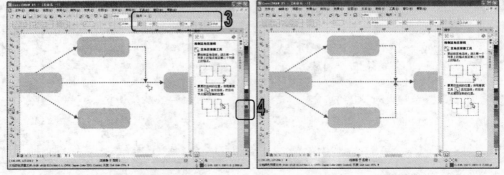

图 3-59　设置连线　　　　　　　　　　　图 3-60　绘制连线

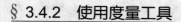
§3.4.2　使用度量工具

使用度量工具可以方便、快捷地测量出对象的水平、垂直距离，倾斜角度，以及标注等。在【平行度量】工具上按下鼠标左键不放，即可展开工具组，其中包括了【平行度量】、【水平或垂直度量】、【角度量】、【线段度量】和【3 点标注】5 种度量工具。

1. 【平行度量】工具

【平行度量】工具用于为对象添加倾斜距离的标注。要绘制一条平行度量线，单击开始线条的点，然后拖动至度量线的终点；松开鼠标，然后沿水平或垂直方向移动指针来确定度量线的位置，如图 3-61 所示。

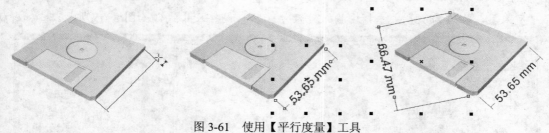

图 3-61　使用【平行度量】工具

选择【平行度量】工具后，其工具属性栏如图 3-62 所示，用户可以通过设置属性栏来设置度量线的外观。

图 3-62　【平行度量】工具属性栏

【例 3-12】在打开的绘图文件中，使用【平行度量】工具测量对象。

(1) 在 CorelDRAW X5 应用程序中，打开绘图文件。在工具箱中选择【平行度量】工具，在对象边缘的端点上单击鼠标，移动光标至边缘的另一端点单击，出现尺寸线后，在尺寸线的水平方向上拖动尺寸线，调整好尺寸线与对象之间的距离后，单击鼠标，系统将自动添加尺寸线，如图 3-63 所示。

(2) 继续使用【平行度量】工具，在对象边缘的端点上单击鼠标，移动光标至边缘的另一端点单击，出现尺寸线后，在尺寸线的垂直方向上拖动尺寸线，调整好尺寸线与对象之间的距离，单击鼠标后，系统将自动添加尺寸线，如图 3-64 所示。

技巧

在【平行度量】工具的属性栏中，单击【文本位置】按钮，在弹出的下拉列表中可依据度量线定位度量标注文本；单击【延伸线选项】按钮，在弹出的下拉面板中可以自定义延伸线样式。

新世纪高职高专规划教材

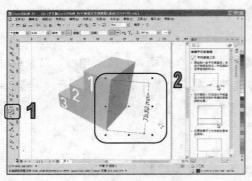
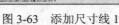

图 3-63　添加尺寸线 1

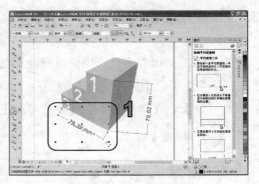

图 3-64　添加尺寸线 2

(3) 在工具属性栏的【度量精度】下拉列表中选择 0.000，在【度量单位】下拉列表中选择【厘米】，在【前缀】文本框中输入"尺寸："，调整尺寸线，如图 3-65 所示。

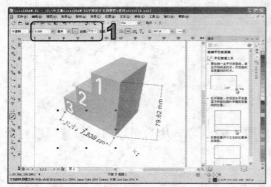
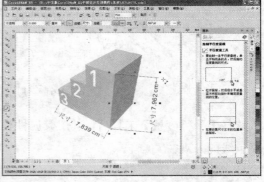

图 3-65　设置标注

(4) 选择【选择】工具，按住 Shift 键选中尺寸线上的文字标注，并在属性栏中设置标注文字的字体为黑体，字体大小 18pt，如图 3-66 所示。

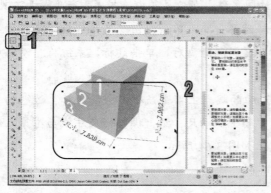
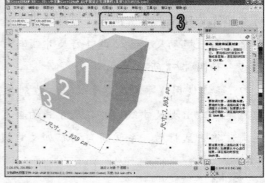

图 3-66　设置标注字体

2.【水平或垂直度量】工具

使用【水平或垂直度量】工具可以标注出对象的垂直距离和水平距离。其使用方法与【平行度量】工具相同，如图 3-67 所示。

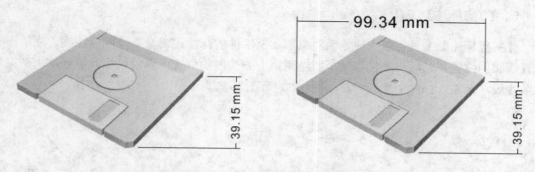

图 3-67 使用【水平或垂直度量】工具

3.【角度量】工具

【角度量】工具可准确地测量出所定位的角度。要绘制角度量线，先在想要测量角度的两条线相交的位置单击，然后拖动至要结束第一条线的位置；释放鼠标，将光标移动至要结束第二条线的位置；达到正确角度后双击鼠标即可，如图 3-68 所示。

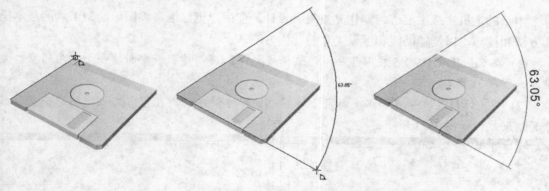

图 3-68 使用【角度量】工具

4.【线段度量】工具

要绘制一条线段度量线，使用【线段度量】工具在要测量的线段上任意位置单击，然后将光标移动至要放置度量线的位置，在要放置尺寸文本的位置单击即可度量线段，如图 3-69 所示。

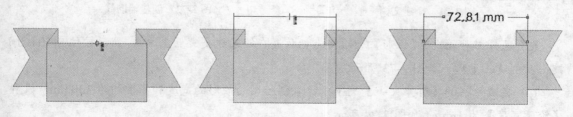

图 3-69 使用【线段度量】工具

5．【3点标注】工具

【3点标注】工具可以快捷地为对象添加文字性的标注说明。要绘制标注线，先单击要放置箭头的位置，然后将光标移动至要结束第一条线段的位置；释放鼠标，然后单击结束第二条线段，再输入标注文字即可，如图3-70所示。

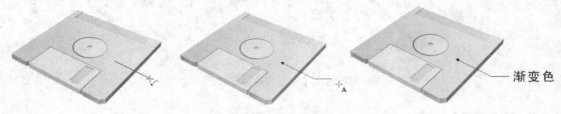

渐变色

图3-70　使用【3点标注】工具

3.5　上机实战

本章的上机实战主要练习制作光盘封套设计，使用户更好地掌握图形绘制工具的基本操作方法和技巧，以及辅助线和度量工具的使用方法。

(1) 在CorelDRAW X5应用程序中，选择【文件】|【新建】命令新建一个横向的空白文档，如图3-71所示。

(2) 将光标放置在垂直和水平标尺上，按住鼠标左键拖动，在空白文档中创建垂直和水平的辅助线，如图3-72所示。

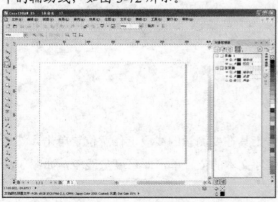

图3-71　新建文档

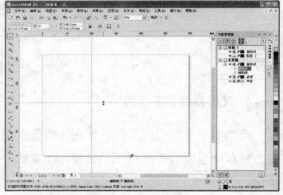

图3-72　创建辅助线

(3) 选择工具箱中的【矩形】工具，将光标放置在辅助线交叉点上单击，然后按住Shift+Ctrl键拖动创建正方形，如图3-73所示。

(4) 在属性栏的【对象大小】选项中设置刚绘制的矩形的宽度和高度均为130mm，设置【轮廓宽度】为1mm，如图3-74所示。

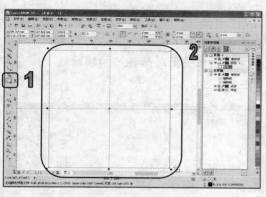
图 3-73　绘制矩形

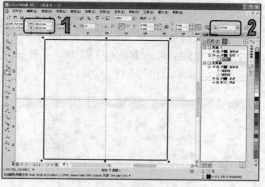
图 3-74　调整矩形

（5）选择工具箱中的【贝塞尔】工具，并配合 Shift 键在矩形内绘制如图 3-75 所示的曲线图形，并使用【选择】工具选中绘制的曲线，在属性栏中设置【轮廓宽度】为 0.5mm。

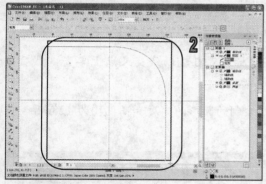
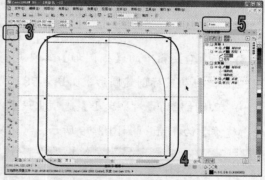

图 3-75　绘制曲线图形

（6）选择工具箱中的【矩形】工具，将光标移至辅助线的交叉处，按住 Shift 键单击并拖动绘制矩形，然后在属性栏中设置【圆角半径】为 12mm、【轮廓宽度】为 0.5mm，如图 3-76 所示。

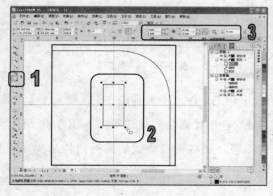
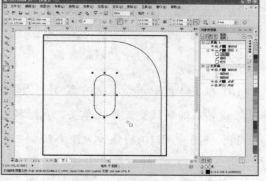

图 3-76　绘制图形

新世纪高职高专规划教材

(7) 将光标放置在垂直辅助线上，双击鼠标，打开【选项】对话框。在对话框的数值框中输入159，然后单击【添加】按钮，再单击【确定】按钮关闭对话框添加辅助线，如图3-77所示。

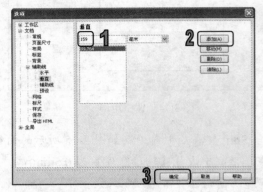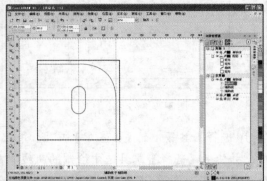

图3-77　添加辅助线

(8) 选择工具箱中的【椭圆形】工具，将光标放置在辅助线交叉点上单击，然后按住Shift+Ctrl键拖动鼠标创建圆形，如图3-78所示。

(9) 在属性栏的【对象大小】选项中设置刚绘制的圆形的宽度和高度均为125mm，设置【轮廓宽度】为1mm，如图3-79所示。

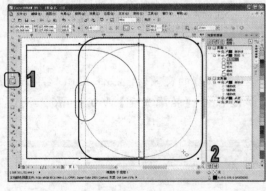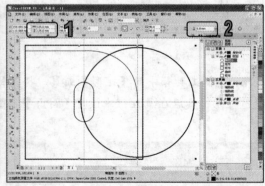

图3-78　绘制圆形　　　　　　　　　　　　图3-79　调整圆形

(10) 按Esc键取消步骤(8)中绘制的圆形的选中状态，再选择工具箱中的【椭圆形】工具，将光标放置在辅助线交叉点上单击，然后按住Shift+Ctrl键拖动创建圆形，如图3-80所示。

(11) 使用步骤(10)的操作方法再绘制三个同心圆，并将最后绘制的圆形的轮廓宽度设置为1mm，如图3-81所示。

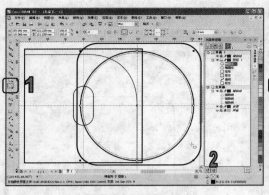

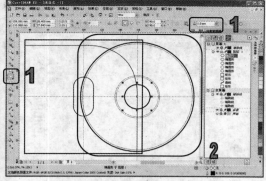

图 3-80　绘制圆形　　　　　　　　　　　图 3-81　绘制图形

(12) 选择工具箱中的【选择】工具，按住 Shift 键选中步骤(8)和步骤(10)中所绘制的圆形，并在调色板中单击白色，填充颜色，如图 3-82 所示。

(13) 选择工具箱中的【选择】工具，按住 Shift 键选中步骤(5)和步骤(6)中所绘制的图形，并单击鼠标右键，在弹出的菜单中选择【顺序】|【到图层前面】命令，排列图形对象，如图 3-83 所示。

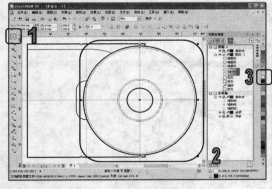

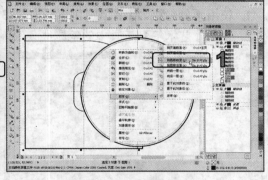

图 3-82　为所选圆形填充颜色　　　　　　图 3-83　排列对象

(14) 保持图形对象的选中状态，然后在调色板中单击白色，填充颜色，如图 3-84 所示。

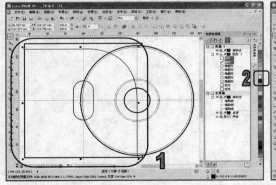

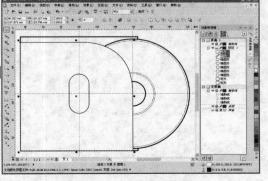

图 3-84　填充颜色

(15) 在工具箱中选择【平行度量】工具，在对象边缘的端点上单击鼠标，移动光标至边

新世纪高职高专规划教材

缘的另一端点单击，出现尺寸线后，在尺寸线的水平方向上拖动尺寸线，调整好尺寸线与对象之间的距离，单击鼠标后，添加尺寸线，如图 3-85 所示。

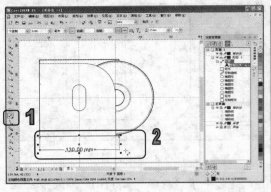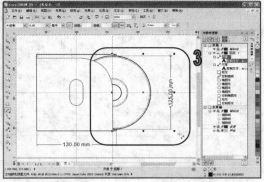

图 3-85　添加尺寸线

3.6　习题

1. 使用【复杂星形】绘图工具绘制如图 3-86 所示的图形。
2. 使用【艺术笔】工具中的笔刷线条绘制如图 3-87 所示的图形。

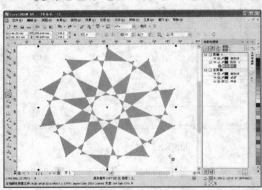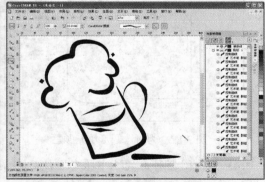

图 3-86　绘制图形 1　　　　　　　　　　图 3-87　绘制图形 2

编辑图形

主要内容 使用绘图工具创建图形后，用户还可以使用工具或命令编辑绘制的图形形状。本章主要介绍曲线对象的编辑操作方法，以及图形形状的修饰、修整的基本编辑方法。

本章重点

> 编辑曲线对象
> 切割图形
> 修饰图形

> 修整图形
> 编辑轮廓线
> 图框精确裁剪对象

4.1 编辑曲线对象

在通常情况下，曲线绘制完成后还需要对其进行精确的调整，以达到需要的造型效果。

§ 4.1.1 添加和删除节点

在 CorelDRAW X5 中可以通过添加节点，将曲线形状调整得更加精确；也可以通过删除多余的节点，使曲线更加平滑。增加节点时，将增加对象线段的数量，从而增加了对象形状的控制量。删除选定节点则可以简化对象形状。

使用【形状】工具在曲线对象需要增加节点的位置双击，即可增加节点；如使用【形状】工具在需要删除的节点上双击，即可删除节点，如图 4-1 所示。

要添加、删除曲线对象上的节点，也可以通过单击工具属性栏中的【添加节点】按钮和【删除节点】按钮。使用【形状】工具在曲线上单击需要添加节点的位置，然后单击【添加节点】按钮即可添加节点。选中节点后，单击【删除节点】按钮即可删除节点。

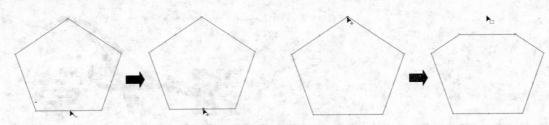

图 4-1　添加、删除节点

技巧

用户也可以在使用【形状】工具选取节点后，单击鼠标右键，在弹出的命令菜单中选择相应的命令来添加、删除节点，如图 4-2 所示。

图 4-2　使用菜单命令

当曲线对象包含许多节点时，对它们进行编辑并输出将非常困难。在选中曲线对象后，使用属性栏中的【减少节点】功能可以使曲线对象中的节点数自动减少。减少节点数时，将移除重叠的节点并可以平滑曲线对象。该功能对于减少从其他应用程序中导入的对象中的节点数特别有用。

【例 4-1】减少曲线对象中的节点数。

(1) 选择工具箱中的【形状】工具，单击选中曲线对象，并单击属性栏中的【选择所有节点】按钮，如图 4-3 所示。

(2) 在工具属性栏中单击【减少节点】按钮，然后拖动【曲线平滑度】滑块控制要删除的节点数，如图 4-4 所示。

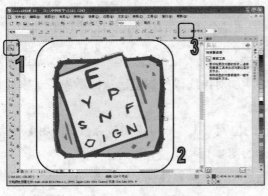

图 4-3　选择所有节点

图 4-4　减少节点

§ 4.1.2　更改节点的属性

CorelDRAW 中的节点分为尖突节点、平滑节点和对称节点 3 种类型。在编辑曲线的过程中，需要转换节点的属性，以调整曲线造型。

要更改节点属性，用户可以使用【形状】工具配合【形状】工具属性栏，方便、简单地对曲线节点进行类型转换的操作。用户只需选择【形状】工具后，单击图形曲线上的节点，然后在【形状】工具属性栏中单击选择相应的节点类型，即可在曲线上进行相关的节点操作。

> 【尖突节点】按钮：单击该按钮可以将曲线上的节点转换为尖突节点。将节点转换为尖突节点后，尖突节点两端的控制手柄成为相对独立的状态。当移动其中一个控制手柄的位置时，不会影响另一个控制手柄。如图 4-5 所示。

> 【平滑节点】按钮：单击该按钮可以使尖突节点变得平滑。平滑节点两边的控制点是相互关联的，当移动其中一个控制点时，另一个控制点也会随之移动，产生平滑过渡的曲线。如图 4-6 所示。

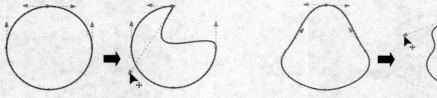

图 4-5　尖突节点　　　　　　　　　　　　　　　图 4-6　平滑节点

> 【对称节点】按钮：单击该按钮可以产生两个对称的控制柄，无论怎样编辑，这两个控制柄始终保持对称。该类型节点与平滑类型节点相似，但所不同的是，对称节点两侧的控制柄长短始终保持等距。如图 4-7 所示。

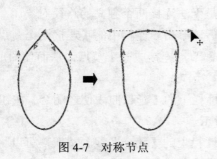

图 4-7　对称节点

> **技巧**
>
> 要将平滑节点和尖突节点互相转换，可以使用【形状】工具单击该节点，然后按 C 键。要将对称节点或平滑节点互相转换，使用【形状】工具单击该节点，然后按 S 键。

§ 4.1.3　曲线和直线互相转换

使用【形状】工具属性栏中的【转换为线条】按钮，可以将曲线段转换为直线段。使用

新世纪高职高专规划教材

【转换为曲线】按钮，可以将直线段转换为曲线段。

用户使用【形状】工具单击曲线上的内部节点或终点后，【形状】工具属性栏中的【转换为线条】按钮 将呈现可用状态，单击此按钮，该节点与上一个节点之间的曲线即可变为直线段，如图 4-8 所示。这个操作对于不同的曲线将会产生不同的结果，如果原曲线上只有两个端点而没有其他节点，选择其终止点后单击此按钮，整条曲线将变为直线段；如果原有曲线有内部节点，那么单击此按钮可以将所选节点区域的曲线改变为直线段。

【形状】工具属性栏中的【转换为曲线】按钮与【转换为线条】按钮的功能正好相反，它是将直线段转换成曲线段。同样【转换为曲线】按钮也不能用于曲线的起始点，而只能应用于曲线内的节点与终止点。

用户使用【形状】工具单击曲线上的内部节点或终止点后，【形状】工具属性栏中的【转换为曲线】按钮将呈现可用状态，单击此按钮，这时节点上将会显示控制柄，表示这段直线已经变为曲线，然后通过操纵控制柄将线段改变。如图 4-9 所示。

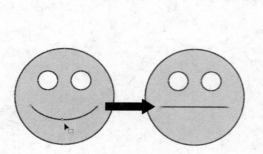

图 4-8　曲线转换为直线

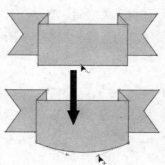

图 4-9　直线转换为曲线

§4.1.4　闭合曲线

通过连接两端节点可封闭一个开放路径，但是无法连接两个独立的路径对象。

➤ 使用【形状】工具选定想要连接的节点后，单击属性栏中的【连接两个节点】按钮，可以将同一个对象上断开的两个相邻节点连接成一个节点，从而使图形封闭，如图 4-10 所示。

➤ 使用【形状】工具选取节点后，单击属性栏上的【延长曲线使之闭合】按钮，可以使用线条连接两个节点，如图 4-11 所示。

➤ 使用【形状】工具选取路径后，单击属性栏上的【闭合曲线】按钮，可以将绘制的开放曲线的起始节点和终止节点自动闭合，形成闭合的曲线。

图 4-10　连接两个节点　　　　　　　　图 4-11　延长曲线使之闭合

§4.1.5 断开曲线

通过断开曲线功能，可以将曲线上的一个节点在原来的位置分离为两个节点，从而断开曲线的连接，使图形转变为不封闭状态；此外，还可以将由多个节点连接成的曲线分离成多条独立的线段。

需要断开曲线时，使用【形状】工具选取曲线对象，并且单击想要断开路径的位置。如果选择多个节点，可在几个不同的位置断开路径，然后单击属性栏上的【断开曲线】按钮 。在每个断开的位置上会出现两个重叠的节点，移动其中一个节点，可以看到原节点已经分割为两个独立的节点，如图 4-12 所示。

图 4-12　断开曲线

4.2 切割图形

在 CorelDRAW X5 应用程序中，还提供了【刻刀】工具、【橡皮擦】工具和【删除虚拟线段】工具，使用它们可以对图形对象进行拆分、擦除的编辑操作。

§4.2.1 使用【刻刀】工具

使用【刻刀】工具可以把一个对象分成几个部分。在工具箱中选择【刻刀】工具，其工具属性栏如图 4-13 所示。

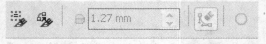

图 4-13　【刻刀】工具属性栏

➢ 单击【保留为一个对象】按钮 ，可以使分割后的对象成为一个整体。

➢ 单击【剪切时自动闭合】按钮 ，可以将一个对象分成两个独立的对象。

➢ 如果同时选中【保留为一个对象】按钮和【剪切时自动闭合】按钮，就不会把对象进行分割，而是将对象连接成一个整体。

【例 4-2】使用【刻刀】工具切割图形。

(1) 按下 Ctrl+N 键新建一个图形文件，在工具箱中选择【基本形状】工具，绘制一个基本图形，如图 4-14 所示。

(2) 单击【填充】工具按钮，在展开的工具条中选择【图样填充】选项，然后打开【图样填充】对话框进行设置，完成后单击【确定】按钮，如图 4-15 所示。

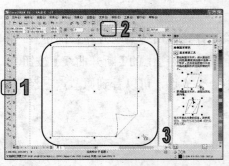
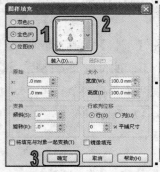
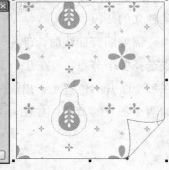

图 4-14　绘制基本图形　　　　　　　　　图 4-15　填充图样

(3) 在工具箱中选择【刻刀】工具，并在属性栏中单击【剪切时自动闭合】按钮，将光标指向准备切割的对象，当光标变为 ▓ 状态时单击对象，然后将光标移动到适当位置再次单击对象，按 Tab 键一次或两次，直到选中您要保留的部分，然后单击鼠标。如图 4-16 所示。

(4) 按下空格键切换到【选择】工具，调整切割后的对象位置，如图 4-17 所示。

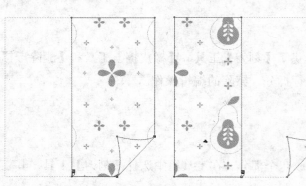
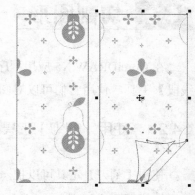

图 4-16　使用【刻刀】工具　　　　　　　图 4-17　调整切割后的对象

技巧

用户也可以使用【刻刀】工具，在对象上按住鼠标左键拖动，释放鼠标后，即可按光标移动的轨迹切割对象。

§4.2.2 使用【橡皮擦】工具

【橡皮擦】工具的主要功能是擦除曲线中不需要的部分，并且在擦除后会将曲线分割成数段。与使用【形状】工具属性栏中的【断开曲线】按钮和【刻刀】工具对曲线进行分割的方法不同的是，使用这两种方法分割曲线后，曲线的总长度并未变化，而使用【橡皮擦】工具擦除曲线后，光标所经过处的曲线将会被擦除，原曲线的总长度将发生变化。

由于曲线的类型不同，使用【橡皮擦】工具擦除曲线会有 3 种不同的结果。

➢ 对于开放式曲线，使用【橡皮擦】工具在曲线上单击拖动，光标所经过之处的曲线就会消失。操作完成后原曲线将会被切断为多段开放曲线。

➢ 对于闭合式曲线，如果只在曲线的一边单击并拖动鼠标进行擦除操作，那么光标经过位置的曲线将会向内凹，并且曲线依旧保持闭合。

➢ 对于闭合式曲线，如果在曲线上单击并拖动鼠标穿过曲线，那么光标经过位置的曲线将会消失，原曲线会被分割成多条闭合曲线。

当用户选择工具箱中的【橡皮擦】工具后，工具属性栏转换为【橡皮擦】工具属性栏，如图 4-18 所示。

图 4-18　【橡皮擦】工具属性栏

➢ 【橡皮擦厚度】选项：用于设置橡皮擦的直径大小。

➢ 【擦除时自动减少】按钮：用于设置是否自动减少擦除操作中所创建的节点数量。

➢ 【图形/方形】按钮：用于设置橡皮擦的形状。

【例 4-3】在绘图文件中，使用【橡皮擦】工具。

(1) 选择工具箱中的【矩形】工具，在绘图文件中拖动绘制一个矩形，并填充为绿色。选择【形状】工具，拖动矩形节点使矩形变为圆角矩形，如图 4-19 所示。

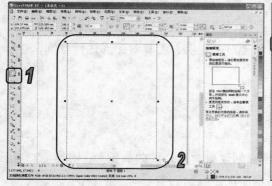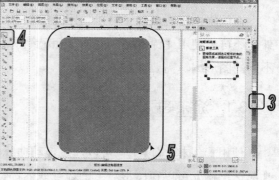

图 4-19　绘制圆角矩形

(2) 选择工具箱中的【橡皮擦】工具，在属性栏中设置【橡皮擦厚度】数值为 3，在圆角

新世纪高职高专规划教材

矩形上单击然后拖动鼠标，再单击即可擦除图形，如图 4-20 所示。

(3) 使用步骤(2)的操作方法，在属性栏中根据需要设置【橡皮擦厚度】数值，在圆角矩形中如图 4-21 所示进行擦除。

图 4-20　擦除图形之一

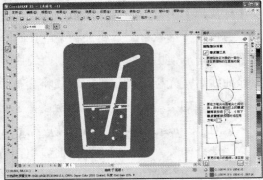

图 4-21　擦除图形之二

§4.2.3　删除虚拟线段

使用工具箱中的【删除虚拟线段】工具，用户可以删除图形中曲线相交点之间的线段。

要删除图形中曲线相交点之间的线段，在工具箱中单击【裁剪】工具，在展开的工具组中选择【删除虚拟线段】工具，这时光标将变为刀片形状，接着将光标移至图形内准备删除的线段上单击，该线段即可被删除。如图 4-22 所示。

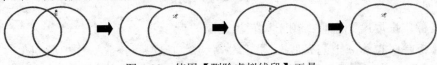

图 4-22　使用【删除虚拟线段】工具

4.3　修饰图形

在编辑图形时，除了可以使用【形状】工具编辑图形形状和使用【刻刀】工具切割图形外，还可以使用【涂抹笔刷】、【粗糙笔刷】和【自由变换】工具对图形进行修饰，以满足不同的图形编辑需要。

§4.3.1　涂抹笔刷

使用【涂抹笔刷】工具可以通过拖动曲线轮廓创建更为复杂的曲线图形，如图 4-23 所示。【涂抹笔刷】可以在图形对象的边缘或内部任意涂抹，以达到变形对象的目的。

新世纪高职高专规划教材

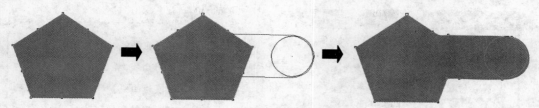

图 4-23 使用【涂抹笔刷】工具

用户使用【涂抹笔刷】工具时，可以在【涂抹笔刷】工具属性栏中进行设置，如图 4-24 所示。

图 4-24 【涂抹笔刷】工具属性栏

➢ 【笔尖大小】数值框：输入数值可以设置涂抹笔刷的宽度。

➢ 【水分浓度】数值框：可以设置涂抹笔刷的力度。

➢ 【斜移】数值框：用于设置涂抹笔刷、模拟压感笔的倾斜角度。

➢ 【方位】数值框：用于设置涂抹笔刷、模拟压感笔的笔尖形状的角度。

§ 4.3.2 粗糙笔刷

【粗糙笔刷】工具是一种扭曲变形工具，它可以改变矢量图形对象中曲线的平滑度，从而产生粗糙的边缘变形效果。【粗糙笔刷】工具的属性栏设置与【涂抹笔刷】工具类似。

【例 4-4】使用【粗糙笔刷】工具。

(1) 在打开的图形文件中，使用【选择】工具选取需要处理的对象，如图 4-25 所示。

(2) 选择【粗糙笔刷】工具，单击鼠标左键并在对象边缘拖动鼠标，即可使对象产生粗糙的边缘变形效果，如图 4-26 所示。

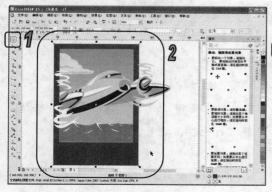

图 4-25 选择对象

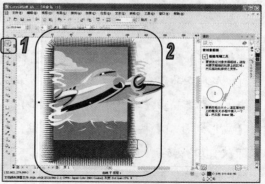

图 4-26 使用【粗糙笔刷】工具

新世纪高职高专规划教材

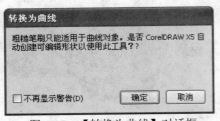

图 4-27 【转换为曲线】对话框

新世纪高职高专规划教材

> 提示
>
> 在使用【粗糙笔刷】工具时，如果对象没有转换为曲线，系统会弹出如图 4-27 所示的【转换为曲线】对话框，单击【确定】按钮可以将对象转化为曲线。

§ 4.3.3 自由变换对象

使用【自由变换】工具可以将对象自由旋转、自由角度反射、自由缩放和自由倾斜。在工具箱中选择【自由变换】工具，在属性栏中会显示其相关选项，如图 4-28 所示。

图 4-28 【自由变换】工具属性栏

> ➢ 【自由旋转】按钮：单击该按钮，可以将对象按自由角度旋转。
> ➢ 【自由角度反射】按钮：单击该按钮，可以将对象按自由角度镜像。
> ➢ 【自由缩放】按钮：单击该按钮，可以将对象任意缩放。
> ➢ 【自由倾斜】按钮：单击该按钮，可以将对象自由倾斜。
> ➢ 【应用到再制】按钮：单击该按钮，可在自由变换对象的同时再制对象。
> ➢ 【相对于对象】按钮：单击该按钮，在【对象位置】数值框中输入需要的参数，然后按下 Enter 键，可以将对象移动到指定的位置。

> 技巧
>
> 在工具箱中选择【自由变换】工具，并在属性栏中单击【自由旋转】工具按钮，再单击【应用到再制】按钮，然后拖动对象至适当的角度后释放鼠标，即可在旋转对象的同时对该对象进行再制。

【例 4-5】使用【自由变换】工具调整图形对象。

(1) 在打开的图形文件中，选择【选择】工具选中图形对象，如图 4-29 所示。

(2) 在工具箱中选择【自由变换】工具，并在属性栏中单击【自由旋转】工具按钮，再单击【应用到再制】按钮，在对象上按住鼠标左键进行拖动，调整至适当角度后释放鼠标，对象即被自由旋转，如图 4-30 所示。

(3) 在属性栏中单击【自由角度反射】工具按钮，在对象上按住鼠标左键进行拖动，镜像对象，如图 4-31 所示。

图 4-29　选取图形对象

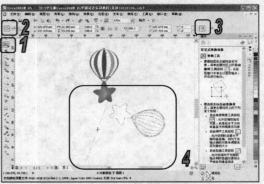

图 4-30　旋转和再制图形对象

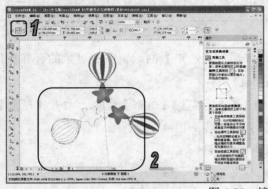

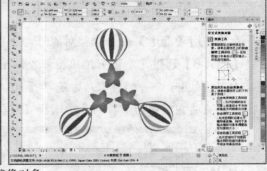

图 4-31　镜像对象

4.4　修整图形

在【排列】|【造形】子菜单中，为用户提供了一些改变对象形状的功能命令。同时，在选择两个或两个以上对象后，属性栏中还提供了与【造形】命令相对应的功能按钮，以便更快捷地使用这些命令，如图 4-32 所示。

图 4-32　【造形】命令相对应的功能按钮

§ 4.4.1　合并图形

应用【合并】命令可以合并多个单一对象或组合的多个图形对象，还能合并单独的线条，但不能合并段落文本和位图图像。它可以将对多个对象结合在一起，创建具有单一轮廓的独立对象。新对象将沿用目标对象的填充和轮廓属性，所有对象之间的重叠线条将全部删除。

使用框选对象的方法全选需要合并的图形，选择【排列】|【造形】|【合并】命令，或单击属性栏中的【合并】按钮即可，如图 4-33 所示。

新世纪高职高专规划教材

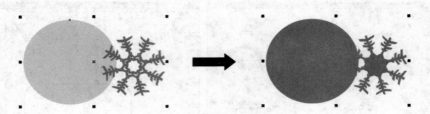

图 4-33　合并图形

> **提示**
>
> 　　使用框选方式选择对象进行合并时，合并后的对象属性与所选对象中位于最下层的对象保持一致。如果使用【选择】工具并按 Shift 键选择多个对象，那么合并后的对象属性与最后选取的对象保持一致。

　　除了使用【造形】命令修整对象外，还可以通过【造形】泊坞窗完成对象的合并操作。

　　【例 4-6】通过【造形】泊坞窗修整图形形状。

　　(1) 选择用于合并的对象后，选择【窗口】|【泊坞窗】|【造形】命令，打开【造形】泊坞窗，在泊坞窗顶部的下拉列表中选择【焊接】选项，如图 4-34 所示。

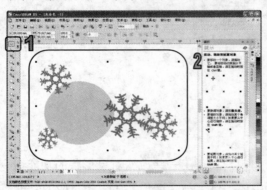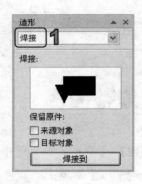

图 4-34　选择对象及【焊接】选项

> ➤ 　【来源对象】复选框：选中该复选框后，在合并对象的同时将保留来源对象。
> ➤ 　【目标对象】复选框：选中该复选框后，在合并对象的同时将保留目标对象。

　　(2) 选中【来源对象】和【目标对象】复选框，然后单击【焊接到】按钮，接下来单击目标对象，即可将对象焊接，如图 4-35 所示。

> **提示**
>
> 　　在【造形】泊坞窗中，还可以选择【修剪】、【相交】、【简化】、【移除后面对象】、【移除前面对象】和【边界】选项，其操作方法与合并操作相似。

新世纪高职高专规划教材

图 4-35　焊接对象

§4.4.2　修剪图形

　　应用【修剪】命令可以从目标对象上剪掉与其他对象之间重叠的部分，目标对象仍保留原有的填充和轮廓属性。用户可以使用上面图层的对象作为来源对象修剪下面图层的对象，也可以使用下面图层的对象修剪上面图层的对象。

　　使用框选对象的方法全选需要修剪的图形，选择【排列】|【造形】|【修剪】命令，或单击属性栏中的【修剪】按钮 即可，如图 4-36 所示。

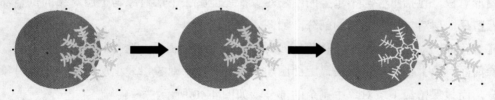

图 4-36　修剪后的图形

　　与【合并】功能相似，修改后的图形效果与选择对象的方式有关。在选择【修剪】命令时，根据选择对象的先后顺序不同，应用【修剪】命令后的效果也会相应不同。

§4.4.3　相交图形

　　应用【相交】命令可以得到两个或多个对象重叠的交集部分。选择需要相交的图形对象，选择【排列】|【造形】|【相交】命令，或单击属性栏中的【相交】按钮，即可在两个图形对象的交叠处创建一个新的对象，新对象以目标对象的填充和轮廓属性为准，如图 4-37 所示。

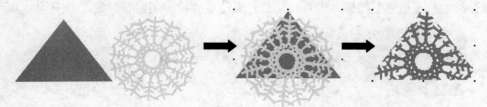

图 4-37　相交后的图形

新世纪高职高专规划教材

§ 4.4.4 简化图形

应用【简化】命令可以减去两个或多个重叠对象的交集部分，并保留原始对象。选择需要简化的对象后，单击属性栏中的【简化】按钮即可，简化后的图形效果如图 4-38 所示。

图 4-38 简化后的图形

§ 4.4.5 移除对象

选择所有图形对象后，单击属性栏中的【移除后面对象】按钮可以减去最上层对象下的所有图形对象，包括重叠与不重叠的图形对象；还能减去下层对象与上层对象的重叠部分，而只保留最上层对象中的剩余的部分，如图 4-39 所示。

【移除前面对象】命令和【移除后面对象】命令作用相反。选择所有图形对象后，单击【移除前面对象】按钮可以减去最上面图层中所有的图形对象以及上层对象与下层对象的重叠部分，而只保留最下层对象中剩余的部分，如图 4-40 所示。

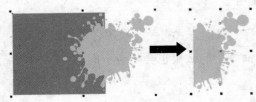
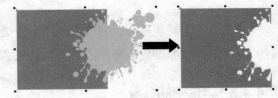

图 4-39 移除后面对象　　　　　　　　图 4-40 移除前面对象

§ 4.4.6 创建边界

应用【边界】命令可以沿所选的多个对象的重叠轮廓创建新对象。选择所有图形对象后，单击属性栏中的【边界】按钮，即可沿所选对象的重叠轮廓创建新对象，如图 4-41 所示。

图 4-41 创建边界

4.5 编辑轮廓线

在绘图过程中，可通过修改对象的轮廓属性来修饰对象。默认状态下，系统为绘制的图形添加颜色为黑色、宽度为 0.2mm、线条样式为直线的轮廓线样式。

§ 4.5.1 修改轮廓线

在 CorelDRAW 中，用户可以使用【轮廓笔】对话框设置轮廓线的宽度、线条样式、边角形状、线条端头形状、箭头形状、书法笔尖形状等。

选取需要设置轮廓属性的对象，单击工具箱中的【轮廓笔】工具，在展开的工具栏中单击【轮廓笔】选项，或按快捷键 F12，打开【轮廓笔】对话框，如图 4-42 所示。

图 4-42 【轮廓笔】对话框

在该对话框中，单击【颜色】下拉按钮，在展开的颜色选取器中选择合适的轮廓颜色；也可以单击【其他】按钮，在弹出的【选择颜色】对话框中自定义轮廓颜色，然后单击【确定】按钮，返回【轮廓笔】对话框，如图 4-43 所示。

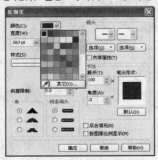

图 4-43 【轮廓笔】对话框和【选取颜色】对话框

 提示

如果只需要自定义轮廓颜色，可以在【轮廓】工具展开的工具栏中选择【轮廓色】选项，然后在弹出的【轮廓颜色】对话框中自定义轮廓颜色。

新世纪高职高专规划教材

在【轮廓笔】对话框的【宽度】选项中可以选择或自定义轮廓的宽度，并可在【宽度】数值框右边的下拉列表中选择数值的单位，如图 4-44 所示。

技巧

要改变轮廓线的宽度，可在选择需要设置轮廓宽度的对象后，单击【轮廓笔】工具，从展开的工具栏中选择需要的轮廓线宽度，如图 4-45 所示。或在属性栏的【轮廓宽度】选项中进行设置。在该选项下拉列表中可以选择预设的轮廓线宽度，也可以直接在该选项数值框中输入所需的轮廓宽度值。

 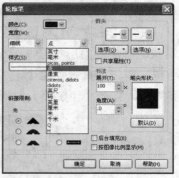 

图 4-44　设置宽度　　　　　　　　　　　　　　　　　　图 4-45　选择轮廓线宽度

在【样式】下拉列表中可以为轮廓线选择一种线条样式，如图 4-46 所示。单击【编辑样式】按钮，在打开的【编辑线条样式】对话框中可以自定义线条样式，如图 4-47 所示。

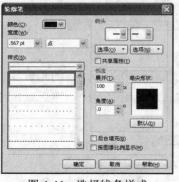 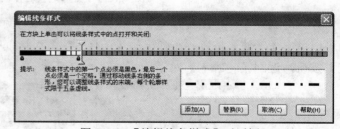

图 4-46　选择线条样式　　　　　　图 4-47　【编辑线条样式】对话框

在该对话框的【角】选项栏中，可以将线条的拐角设置为尖角、圆角或斜角样式，如图 4-48 所示。

在【书法】选项栏中，可以为轮廓线条设置书法轮廓样式，如图 4-49 所示。在【展开】数值框中输入数值，可以设置笔尖的宽度。在【角度】数值框中输入数值，可以基于绘画而更改画笔的方向。用户也可以在【笔尖形状】预览框中单击或拖动，手动调整书法轮廓样式。

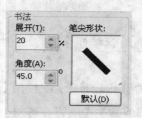

图 4-48　【角】选项栏　　　　　　图 4-49　【书法】选项栏

　提示

在对话框中，选中【后台填充】复选框能将轮廓限制在对象填充的区域之外。选中【按图像比例显示】复选框，则在对图形进行比例缩放时，其轮廓的宽度会按比例进行相应的缩放。

§4.5.2　清除轮廓线

要清除对象中的轮廓线，在选择对象后，直接使用鼠标右击调色板中的⊠图标，或者在工具箱中展开【轮廓笔】工具组，选择【无轮廓】选项即可。

§4.5.3　转换轮廓线

在 CorelDRAW 中，只能对轮廓线进行宽度、颜色和样式的调整。如果要为对象中的轮廓线填充渐变、图样或底纹效果，或者要对其进行更多的编辑，可以选择并将轮廓线转换为对象，以便能进行下一步的编辑。

选择需要转换轮廓线的对象，选择【排列】|【将轮廓转换为对象】命令可将该对象中的轮廓转换为对象，然后即可为对象轮廓使用渐变、图样或底纹效果填充，如图 4-50 所示。

图 4-50　将轮廓转换为对象

4.6　图框精确裁剪对象

【图框精确剪裁】命令可以将对象置入到目标对象的内部，使对象按目标对象的外形进行精确的剪裁。在 CorelDRAW 中进行图形编辑、版式编排等操作时，【图框精确剪裁】命令是经常用到的一项重要功能。

新世纪高职高专规划教材

§ 4.6.1　创建图框精确裁剪

要用图框精确剪裁对象，先使用【选择】工具选中需要置入容器中的对象，然后选择【效果】|【图框精确剪裁】|【放置在容器】命令，当光标变为黑色粗箭头时单击作为容器的图形，即可将所选对象置于该图形中，如图 4-51 所示。

图 4-51　创建图框精确裁剪

将对象精确裁剪后，还可以进入容器内部，对容器内的对象进行缩放、旋转或移动位置等调整。在完成对图框精确剪裁内容的编辑后，选择【效果】|【图框精确剪裁】|【结束编辑】命令；或在图框精确剪裁对象上单击鼠标右键，从弹出的快捷菜单中选择【结束编辑】命令，即可结束编辑。

【例 4-7】使用【图框精确剪裁】命令编辑图形对象。

(1) 按下 Ctrl+I 键导入一个图形文件，选择工具箱中的【基本形状】工具，在属性栏中的形状下拉列表中选择形状，然后绘制该形状，如图 4-52 所示。

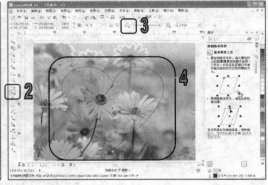

图 4-52　绘制图形

(2) 保持导入对象的选中状态，选择【效果】|【图框精确剪裁】|【放置在容器中】命令，这时光标变为黑色粗箭头状态，单击上一步绘制的图形，即可将所选对象置于该图形中，如图 4-53 所示。

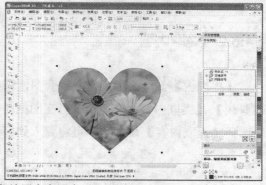

图 4-53　将所选对象放置在容器中

技巧

　　要用图框精确剪裁对象，还可以使用【选择】工具选择需要置入容器中的对象，再按住鼠标右键的同时将该对象拖动到目标对象上，释放鼠标后弹出命令菜单，选择【图框精确剪裁内部】命令，所选对象即被置入到目标对象中，如图 4-54 所示。

图 4-54　使用菜单命令

　　(3) 选择【效果】|【图框精确剪裁】|【编辑内容】命令，进入容器内部，根据需要对导入的图像进行缩放，如图 4-55 所示。

　　(4) 选择【效果】|【图框精确剪裁】|【结束编辑】命令。右击调色板中的⊠按钮，取消容器对象的轮廓。如图 4-56 所示。

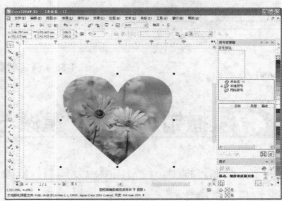

图 4-55　编辑内容　　　　　　　　　　图 4-56　结束编辑

§4.6.2　提取内容

　　【提取内容】命令用于提取嵌套图框精确裁剪中每一级的内容。选择【效果】|【图框精确剪裁】|【提取内容】命令；或者在图框精确剪裁对象上单击鼠标右键，从弹出的快捷菜单中选择【提取内容】命令，即可将置入到容器中的对象从容器中提取出来。如图4-57所示。

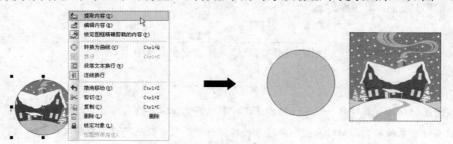

图 4-57　提取内容

§4.6.3　锁定图框精确剪裁的内容

　　用户不但可以对图框精确剪裁对象的内容进行编辑，还可以通过单击鼠标右键，在弹出的快捷菜单中选择【锁定图框精确剪裁的内容】命令，将容器内的对象锁定。

　　锁定图框精确剪裁的内容后，在变换图框精确剪裁对象时，只对容器对象进行变换，而容器内的对象不受影响，如图4-58所示。要解除图框精确剪裁内容的锁定状态，只需再次选择【锁定图框精确剪裁的内容】命令即可。

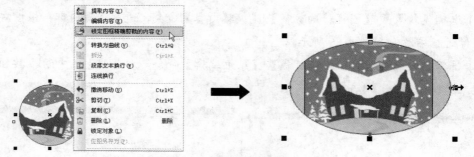

图 4-58　锁定图框精确剪裁的内容

4.7　撤销、恢复、重做与重复操作

　　在绘制过程中，经常需要反复调整、修改。因此，CorelDRAW 提供了一组撤销、恢复、重做与重复命令。

§4.7.1 撤销、恢复与重做操作

在编辑文件时，如果用户要撤销上一步操作，可以选择【编辑】|【撤销】命令或单击标准工具栏中的【撤销】按钮 🔄，撤销该操作。如果连续选择【撤销】命令，则可以连续撤销前面所进行的多步操作。用户也可以单击标准工具栏中【撤销】按钮 🔄 旁的按钮，在弹出如图 4-59 所示的下拉列表框中选择想要撤销的操作，从而一次撤销该步操作以及该步操作以前的操作。

图 4-59　撤销操作

另外，用户也可以选择【文件】|【还原】菜单命令来取消操作，这时会弹出一个警告对话框。单击【确定】按钮，CorelDRAW 将撤销存储文件后执行的全部操作，即把文件恢复到最后一次存储的状态。

如果需要将已撤销的操作再次执行，使被操作对象回到撤销前的位置或特征，可选择【编辑】|【重做】命令，或单击标准工具栏中的【重做】按钮。该命令只有在执行过【撤销】命令后才起作用。如连续多次选择该命令，可连续重做多步被撤销的操作。也可以通过单击【重做】按钮旁的按钮，在弹出的下拉列表中选择一次重做多步被撤销的操作。

§4.7.2 重复操作

选择【编辑】|【重复】命令，可以重复执行上一次对对象所使用的命令，如移动、缩放、复制等操作命令。

此外，使用该命令，还可以将对某一对象执行的操作应用于其他对象。只需将源对象进行变化后，选中要应用此操作的其他对象，然后选择【编辑】|【重复】操作命令即可。

4.8　上机实战

本章的上机实战主要练习制作小图标，使用户更好地掌握图形对象的创建、节点控制的基本操作方法和技巧。

(1) 选择工具箱中的【基本形状】工具，在属性栏中单击打开【完美形状】挑选器选择形状。在绘图页中，使用【基本形状】工具，按住鼠标并拖动绘制形状，然后在属性栏中设置【轮廓宽度】为 10mm，如图 4-60 所示。

新世纪高职高专规划教材

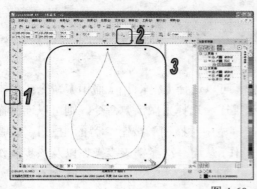

图 4-60　绘制图形

　　(2) 在调色板中单击蓝色设置填充颜色，然后选择【排列】|【将轮廓转换为对象】命令，将轮廓转换为曲线形状，如图 4-61 所示。

　　(3) 选择【橡皮擦】工具，在属性栏中单击【减少节点】按钮，然后使用【橡皮擦】工具在图形的底部进行擦除，如图 4-62 所示。

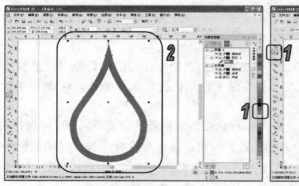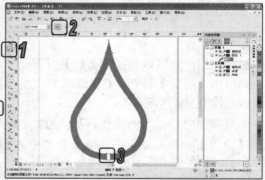

图 4-61　转换为曲线　　　　　　　　　　图 4-62　擦除图形底部

　　(4) 选择【形状】工具，单击属性栏中的【选择所有节点】按钮，然后拖动【曲线平滑度】滑块减少曲线上的节点，如图 4-63 所示。

　　(5) 使用【形状】工具，选中路径上的节点，并移动其位置，如图 4-64 所示。

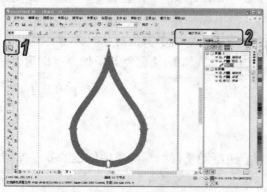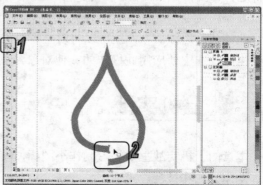

图 4-63　减少曲线上的节点　　　　　　　　图 4-64　移动节点

(6) 使用【形状】工具，按住 Shift 键在路径上选中多个节点，然后在属性栏中单击【删除节点】按钮，删除多余节点，如图 4-65 所示。

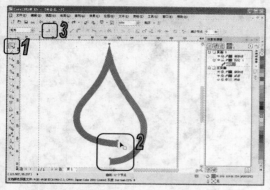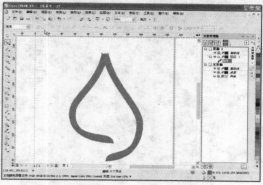

图 4-65 删除多余节点

(7) 使用【形状】工具，调整路径上的节点，将路径调整为如图 4-66 所示的形状。

(8) 选择工具箱中的【贝塞尔】工具，在文档中绘制如图 4-67 所示的两个叶片图形。

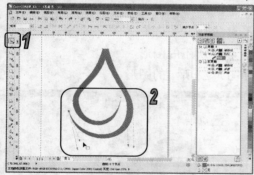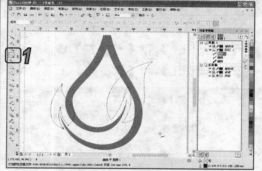

图 4-66 调整路径   图 4-67 绘制两个叶片图形

(9) 选择工具箱中的【选择】工具，按 Shift 键选中两个叶片图形，并在调色板中单击绿色色板填充图形，取消轮廓线颜色，如图 4-68 所示。

(10) 按 Ctrl+A 键选中文档中所有图形，然后单击属性栏中的【创建边界】按钮，创建边界，如图 4-69 所示。

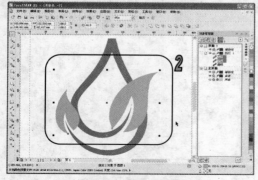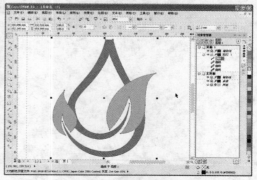

图 4-68 填充图形颜色   图 4-69 创建边界

（11）在调色板中单击浅灰色色板填充图形，取消轮廓线颜色。然后将其放置在图层的最下方并向右偏移，如图 4-70 所示。

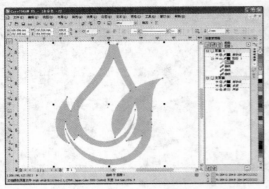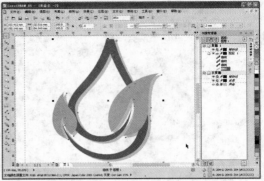

图 4-70　调整图形

4.9　习题

1. 使用绘图工具和【形状】工具，绘制如图 4-71 所示的图形。
2. 使用绘图工具和【橡皮擦】工具，绘制如图 4-72 所示的图形。

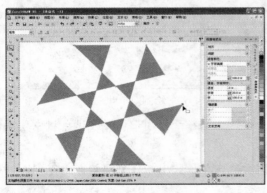

图 4-71　绘制图形 1　　　　　　　　　图 4-72　绘制图形 2

第 5 章

图形对象的填充

主要内容　　CorelDRAW X5 的图形对象填充功能非常强大，能够进行多种方式的填充，如纯色填充、渐变填充、图案填充等。本章将详细介绍图形对象的填充操作方法及技巧。

本章重点

➢ 调色板设置　　　　　　　　➢ 填充图样、纹理
➢ 均匀填充　　　　　　　　　➢ 使用【网状填充】工具
➢ 渐变填充　　　　　　　　　➢ 使用滴管工具

5.1　调色板设置

在 CorelDRAW 中，选择颜色最快捷的方法就是使用工作区中右侧的调色板。在选择一个对象后，可以通过工作区中的默认调色板设置对象的填充色和轮廓色。单击默认调色板中的色样，可以为选定的对象选择填充颜色。右键单击默认调色板中的一个色样，可以为选定的对象选择轮廓颜色。

在默认调色板中单击色样并按住鼠标，屏幕上将显示弹出式颜色挑选器，可以从一种颜色的不同灰度中单击选择颜色色样，如图 5-1 所示。要查看默认调色板中的更多颜色，单击调色板顶部和底部的滚动箭头即可。用户也可以单击调色板顶部的 ▶ 按钮，在弹出菜单中选择【行】子菜单中的命令来更改调色板的显示，如图 5-2 所示。

图 5-1　调色板　　　　　　　　　　　图 5-2　更改调色板显示

§5.1.1　选择调色板

选择【窗口】|【调色板】命令，将打开如图 5-3 左图所示的菜单命令，该菜单中提供了多种不同的调色板供用户选择使用。当选择一个调色板后，该调色板前会显示 图标，并且所选调色板显示在工作区中，如图 5-3 右图所示。在工作区中，可以同时打开多个调色板，这样可以更方便地选择颜色。

图 5-3　选择调色板

当不使用调色板时，可选择【调色板】子菜单中的【无】命令，关闭工作区中所有打开的调色板。

§5.1.2　使用【调色板管理器】泊坞窗

选择【窗口】|【调色板】|【更多调色板】命令，打开如图 5-4 所示的【调色板管理器】泊坞窗。使用该泊坞窗可以打开、新建并编辑调色板。

1．打开调色板

在【调色板管理器】泊坞窗中，系统提供了多种调色板可供用户使用。单击所需调色板名称前的 图标，当该图标显示为 状态时，该调色板即显示在工作区中。用户也可以单击泊坞窗中的【打开调色板】按钮，在如图 5-5 所示显示的【打开调色板】对话框中将所需的调色板打开。

图 5-4　【调色板管理器】泊坞窗

图 5-5　【打开调色板】对话框

2. 新建调色板

在【调色板管理器】泊坞窗中，用户可以创建新调色板。单击泊坞窗中的【创建一个新的空白调色板】按钮，将打开如图 5-6 左图所示的【另存为】对话框。在该对话框的【文件名】文本框中输入所要创建的调色板名称，在【描述】文本框中可输入相关说明信息的文字，然后单击【保存】按钮即可创建一个空白调色板，如图 5-6 右图所示。

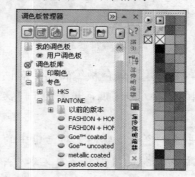

图 5-6　新建调色板

如果要在选取对象范围内新建调色板，只需选择一个或多个对象后，单击【调色板管理器】泊坞窗中的【使用选定的对象创建一个新调色板】按钮，在打开的【另存为】对话框中，指定新建调色板的文件名，然后单击【保存】按钮即可。

单击【调色板管理器】泊坞窗中的【使用文档创建一个新调色板】按钮，可以从打开的文档范围内新建调色板。单击该按钮后，在打开的【另存为】对话框中，指定新建调色板的文件名，然后单击【保存】按钮即可。

在 CorelDRAW X5 版本中，添加了如图 5-7 所示的【文档调色板】的空白调色板。单击【文档调色板】中的 按钮，在弹出的如图 5-8 所示的菜单中默认选中【自动更新】选项，当用户为图形对象填充颜色时，该颜色会自动添加到文档调色板中。当选择【从选定内容添加】选项时，可在选取对象范围内新建调色板；当选择【从文档添加】选项，可从打开的文档范围内新建调色板。

新世纪高职高专规划教材

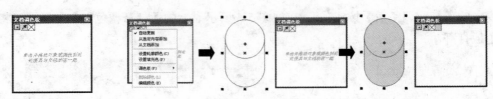

图 5-7 【文档调色板】调色板　　　　　　图 5-8 选择【自动更新】选项

3. 使用调色板编辑器

单击【调色板管理器】泊坞窗中的【打开调色板编辑器】按钮 ，或在【文档调色板】中双击颜色，打开如图 5-9 所示的【调色板编辑器】对话框，使用该对话框可以新建调色板，并为新建的调色板添加颜色。

图 5-9 【调色板编辑器】对话框

> **提示**
>
> 要在【文档调色板】中添加颜色，还可以直接在绘图中选定对象后，按住鼠标左键将其拖动至【文档调色板】中，释放鼠标即可将对象中的颜色添加到【文档调色板】中。

【例 5-1】使用【调色板编辑器】对话框。

(1) 选择【窗口】|【调色板】|【调色板编辑器】命令，打开【调色板编辑器】对话框，如图 5-10 所示。

(2) 单击【调色板编辑器】对话框中的【新建调色板】按钮 ，可以打开【新建调色板】对话框。在该对话框的【文件名】文本框中输入新建调色板名称，然后单击【保存】按钮，如图 5-11 所示。

图 5-10 【调色板编辑器】对话框　　　　图 5-11 新建调色板

(3) 单击【调色板编辑器】对话框中的【添加颜色】按钮，在打开的【选择颜色】对话框中调节所需颜色，然后单击【加到调色板】按钮，即可将调节好的颜色添加到调色板中，添加完成后，单击【确定】按钮关闭【选择颜色】对话框，如图 5-12 所示。

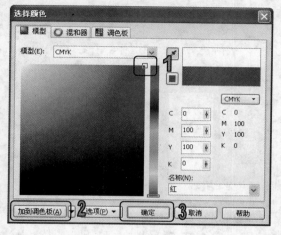

图 5-12　添加颜色

 提示

单击【编辑颜色】按钮，可以再次打开【选择颜色】对话框，在该对话框中可编辑当前所选颜色。编辑完成后，单击【确定】按钮即可。

(4) 单击【调色板编辑器】对话框中的【将颜色排序】按钮，在弹出的菜单中选择调色板中颜色排列的方式，如图 5-13 所示。

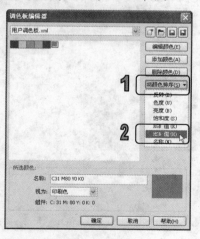

图 5-13　排序颜色

(5) 单击【保存调色板】按钮，保存新建调色板的设置。如果单击【调色板另存为】按钮，即可打开【另存为】对话框将当前调色板设置进行另存。

 提示

如果要删除某个颜色，单击【删除颜色】按钮即可将所选的颜色删除。而单击【重置调色板】按钮，可以恢复系统的默认值。

新世纪高职高专规划教材

5.2 均匀填充

均匀填充是在封闭路径的对象内填充单一的颜色。一般情况下，在绘制完图形后，单击工作界面右侧调色板中的颜色即可为绘制的图形填充所需要的颜色，如图 5-14 所示。

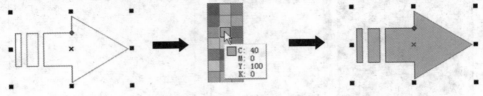

图 5-14 均匀填充

如果在调色板中没有所需的颜色，用户还可以自定义颜色。单击工具箱中的【填充】工具，在展开的工具条中选择【均匀填充】选项，可打开【均匀填充】对话框为选定的对象进行均匀填充操作。在该对话框中，包括了【模板】、【混合器】和【调色板】3 种不同的颜色选项卡供用户使用。

1. 使用【模型】选项卡

在【均匀填充】对话框中选定【模型】选项卡后，可以单击【模型】下拉列表选择一种颜色模式，如图 5-15 所示。当选择好颜色模型后，用户可以通过多种方法来设置填充颜色。

图 5-15 【模型】选项卡

> 可以用鼠标直接拖曳色轴上的控制点来显示各种颜色，然后在颜色预览区域中单击选定颜色。

> 可以在【组件】选项区中对显示出的颜色参数进行设置得到所需的颜色。

> 可以在【名称】下拉列表中，选择系统定义好的一种颜色名称。

【例 5-2】在打开的绘图文件中，填充颜色。

(1) 选择要填充的对象，单击工具箱中的【填充】工具，在展开的工具条中选择【均匀填充】，打开【均匀填充】对话框。如图 5-16 所示。

新世纪高职高专规划教材

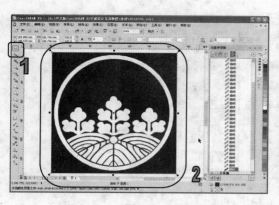

图 5-16　选择填充对象并打开【均匀填充】对话框

(2) 选中【模型】选项卡，在【模型】下拉列表中选择需要的颜色模式，在【组件】中输入所需的颜色参数值，然后单击【确定】按钮即可填充图形，如图 5-17 所示。

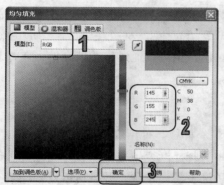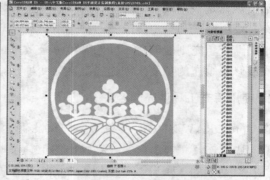

图 5-17　均匀填充图形

2. 使用【混合器】选项卡

在【均匀填充】对话框中，单击【混合器】选项卡，其选项设置如图 5-18 所示。

➢ 　【模型】：用于选择填充颜色的色彩模式。

➢ 　【色度】：用于决定显示颜色的范围及颜色之间的关系，单击 下拉按钮，可以从提供的下拉列表中选择不同的显示方式。

➢ 　【变化】：从下拉列表中可以选择决定颜色表的显示色调。

➢ 　【大小】：用于设置颜色表所显示的列数。

3. 使用【调色板】选项卡

在【均匀填充】对话框中，单击【调色板】选项卡，其选项设置如图 5-19 所示。在该对话框的【调色板】下拉列表中，包含了系统提供的固定调色板类型。拖动纵向颜色条中的矩形滑块，可从中选择一个需要的颜色区域，在左边的正方形颜色窗口中会显示该区域中的色样。

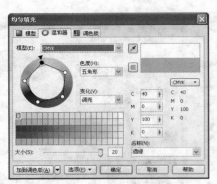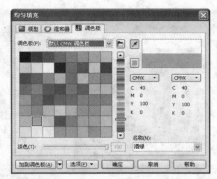

图 5-18　【混合器】选项卡　　　　　图 5-19　【调色板】选项卡

5.3　渐变填充

渐变填充是根据线性、射线、圆锥或方角的路径将一种颜色向另一种颜色逐渐过渡。渐变填充有双色渐变和自定义渐变两种类型。双色渐变填充会将一种颜色向另一种颜色过渡，而自定义渐变填充则能创建不同的颜色重叠效果。用户也可以通过修改填充的方向，新增中间色彩或修改填充的角度来创建自定义渐变填充。

1. 使用填充工具填充渐变

在 CorelDRAW X5 中，提供了多种预设渐变填充样式。使用【选择】工具选取对象后，在工具箱中单击【填充】工具，在弹出的工具条中选择【渐变填充】，打开【渐变填充】对话框。在对话框的【预设】下拉列表中可选择一种渐变填充选项，并且可以选择渐变类型，根据自己的需要对其进行重新设置。

用户还可以在【渐变填充】对话框中自定义渐变填充样式。自定义渐变填充能够在起始颜色和终止颜色之间添加多种过渡颜色，使相邻的颜色之间相互融合。

【例 5-3】为选定对象填充自定义渐变。

(1) 在打开的绘图文件中，使用【选择】工具选择图形对象。单击工具箱中的【填充】工具，在展开的工具条中选择【渐变填充】，打开【渐变填充】对话框，选中【自定义】单选按钮，如图 5-20 所示。

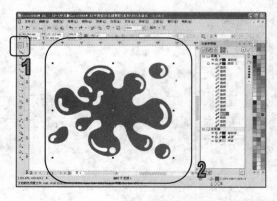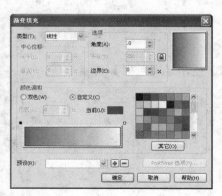

图 5-20　选择图形对象和打开【渐变填充】对话框

(2) 在【类型】下拉列表中选择【辐射】选项，在渐变色条上单击起始点，然后在右侧的调色板中选择绿色色板，如图 5-21 所示。

(3) 使用步骤(2)的操作方法，在渐变色条上单击终止点，将结束颜色设置为 C=0、M=0、Y=40、K=0，如图 5-22 所示。

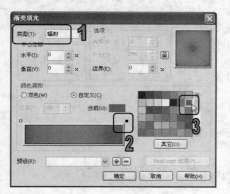
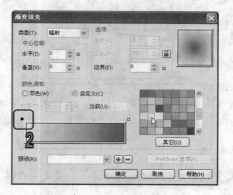

图 5-21 设置渐变起始点　　　　　　图 5-22 设置渐变终止点

(4) 双击渐变色条添加颜色，并在调色板中选择 C=40、M=0、Y=100、K=0 的色板，拖动混合条上滑块的位置调整渐变，单击对话框中的【确定】按钮应用自定义渐变，如图 5-23 所示。

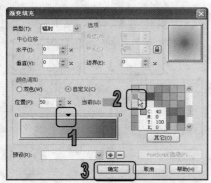
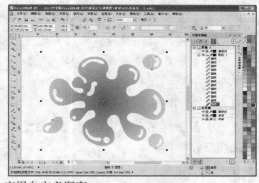

图 5-23 应用自定义渐变

2. 使用【对象属性】泊坞窗填充渐变

除了使用填充工具为对象填充渐变颜色外，还可以使用【对象属性】泊坞窗来完成对象的渐变填充操作。

在选择需要填充的对象后，选择【窗口】|【泊坞窗】|【属性】命令，打开【对象属性】泊坞窗。在泊坞窗的【填充类型】下拉列表中选择【渐变填充】选项，以显示渐变填充设置，如图 5-24 所示。在【渐变填充】选项栏中单击所要应用的渐变类型按钮，然后在【从】和【到】颜色挑选器中选择渐变颜色；在泊坞窗的预览窗口中单击或拖动鼠标，设置渐变颜色的角度；设置完成后单击【应用】按钮即可。

图 5-24 【渐变填充】设置

> **提示**
>
> 在【对象属性】泊坞窗中，单击【高级】按钮，可以打开【渐变填充】对话框进行更为复杂的设置。设置完成后，单击【确定】按钮回到【对象属性】泊坞窗。在泊坞窗中默认激活【锁定】按钮，此时在泊坞窗中设置的渐变属性会即时地应用到所选择的对象上。

5.4 填充图样、纹理和 PostScript 底纹

CorelDRAW X5 提供了预设的图样填充，用户可以直接将这些图样填充到对象上，也可以用绘制的对象或导入的图像来创建图样进行填充。

1. 图样填充

【图样填充】是反复应用预设生成的图案进行拼贴来填充对象。CorelDRAW 提供了双色、全色和位图 3 种预设填充样式，每种填充都提供对图样大小和排列的控制。

➤ 【双色】图样填充是指为对象填充只有【前部】和【后部】两种颜色的图案样式。

➤ 【全色】图样填充可以由矢量图案和线描样式图形生成，也可通过装入图像的方式填充为位图图案。

➤ 【位图】图样填充可以选择位图图像进行图样填充，其复杂性取决于图像的大小和图像分辨率等。

【例 5-4】在绘图文件中，应用图样填充。

(1) 在打开的绘图文件中，使用【选择】工具选择图形对象。单击工具箱中的【填充】工具，在展开的工具条中选择【图样填充】，打开【图样填充】对话框，如图 5-25 所示。

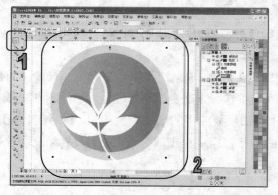

图 5-25 选择图形对象和打开【图样填充】对话框

新世纪高职高专规划教材

(2) 在对话框中选择【双色】单选按钮，在图样下拉面板中选择一种图样；单击【前部】颜色挑选器，从中选择【冰蓝】色板；然后单击【后部】颜色挑选器，从中选择【青】色板；在【大小】选项区中，设置【宽度】和【高度】数值为 20mm，然后单击【确定】按钮应用图样填充，如图 5-26 所示。

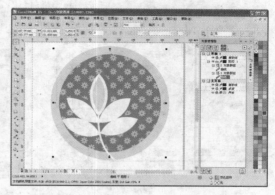

图 5-26 应用图样填充

2. 底纹填充

底纹填充是随机生成的填充，可用来赋予对象自然的外观。CorelDRAW 提供预设的底纹，而且每种底纹均有一组可以更改的选项。用户可以使用任一颜色模型或调色板中的颜色来自定义底纹填充。底纹填充只能包含RGB颜色；但是，可以将其他颜色模型和调色板作为参考来选择颜色。

单击工具箱中的【填充】工具，在展开的工具条中选择【底纹填充】，打开【底纹填充】对话框。在对话框中可以更改底纹填充的平铺大小。增加底纹平铺的分辨率时，会增加填充的精确度。也可以通过设置平铺原点来准确指定填充的起始位置。CorelDRAW 还允许用户偏移填充中的平铺，当相对于对象顶部调整第一个平铺的水平或垂直位置时，会影响其余的填充。此外，还可以旋转、倾斜、调整平铺大小，并且更改底纹中心来创建自定义填充。

【例 5-5】在绘图文件中，应用底纹填充。

(1) 在打开的绘图文件中，使用【选择】工具选择图形对象。单击工具箱中的【填充】工具，在展开的工具条中选择【底纹填充】，打开【底纹填充】对话框，在【底纹库】下拉列表中选择【样本 9】，如图 5-27 所示。

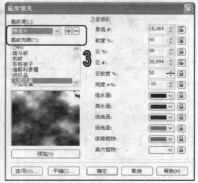

图 5-27 选择图形对象及打开【底纹填充】对话框

新世纪高职高专规划教材

(2) 在【样本9】底纹库的【底纹列表】中选择【格子呢】，然后单击【色调】和【亮度】颜色挑选器，选择所需要的颜色，设置完成后单击【预览】按钮查看效果，如图5-28所示。

图 5-28　选择底纹颜色

(3) 单击对话框底部的【选项】按钮，打开【底纹选项】对话框。设置【位图分辨率】为 300dpi，然后单击【确定】按钮，如图 5-29 所示。

技巧 ----------------------------------

　　用户可以将修改的底纹保存到底纹库中。单击【底纹填充】对话框中的 按钮，打开【保存底纹为】对话框，在【底纹名称】文本框中输入底纹的保存名称，并在【库名称】下拉列表中选择保存后的位置，然后单击【确定】按钮即可。

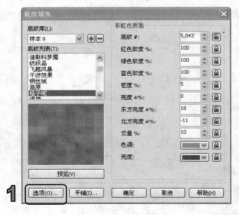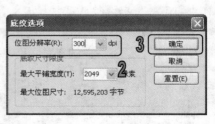

图 5-29　设置底纹位图分辨率

(4) 单击【平铺】按钮，打开【平铺】对话框。设置【宽度】和【高度】数值为 100mm，然后单击【确定】按钮，如图 5-30 所示。

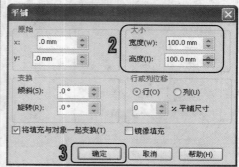

图 5-30　设置底纹【平铺】选项

（5）设置完成后，单击对话框底部的【确定】按钮关闭【底纹填充】对话框，并应用底纹填充，如图 5-31 所示。

图 5-31　应用底纹填充

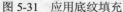

> **提示**
>
> CorelDRAW 中的底纹填充功能十分强大，可以增强绘图的效果。但是，底纹填充同时会增加文件大小以及延长打印时间，因此建议适度使用。

3. PostScript 填充

PostScript 底纹填充是使用 PostScript 语言创建的特殊纹理填充对象。有些 PostScript 底纹填充较为复杂，因此，包含 PostScript 底纹填充的对象在打印或屏幕更新时需要较长时间；或填充可能不显示，而显示字母 PS，这取决于使用的视图模式。

在应用 PostScript 底纹填充时，可以更改底纹大小、线宽、底纹的前景或背景中出现的灰色量等参数。在【PostScript 底纹填充】对话框中选择不同的底纹样式时，其参数设置也会相应发生改变。

【例 5-6】在绘图文件中，应用 PostScript 底纹填充。

（1）在打开的绘图文件中，使用【选择】工具选择图形对象。单击工具箱中的【填充】工具，在展开的工具条中选择【PostScript 填充】，打开【PostScript 底纹】对话框，选中【预览填充】复选框，如图 5-32 所示。

新世纪高职高专规划教材

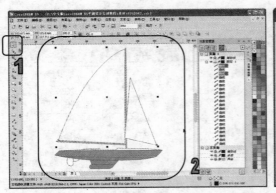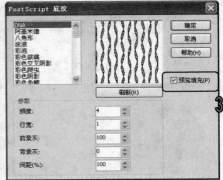

图 5-32　选择图形对象并打开【Post Script 底纹】对话框

（2）在底纹列表中选择【彩色交叉阴影】选项，然后设置【最大距离】数值为 100，【随机数种子】数值为 2，单击【刷新】按钮预览效果，设置完成后单击【确定】按钮应用 PostScript 底纹填充，如图 5-33 所示。

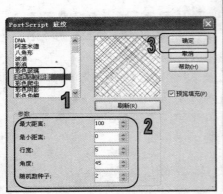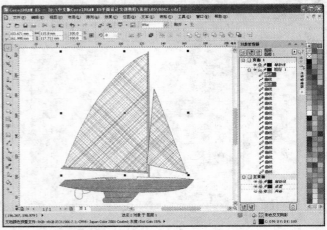

图 5-33　应用 PostScript 底纹填充

5.5　填充开放路径

默认状态下，CorelDRAW 只能对封闭的曲线填充颜色。如果要对开放的曲线也填充颜色，就必须更改工具选项设置。

单击属性栏中的【选项】按钮，打开【选项】对话框，在其中展开【文档】|【常规】选项，如图 5-34 左图所示。在【常规】设置中选中【填充开放式曲线】复选框，然后单击【确定】按钮即可对开放式曲线填充颜色，如图 5-34 右图所示。

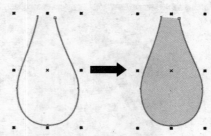

图 5-34 填充开放式曲线

5.6 使用【交互式填充】工具

使用工具箱中的【交互式填充】工具 可以对所选择的对象进行均匀填充、渐变填充、图案填充、PostScript底纹填充以及取消填充等操作。当选择一种填充类型时，【交互式填充】工具属性栏将显示相应的参数内容，如图 5-35 所示，通过调整参数，可以设置填充效果。

图 5-35 【交互式填充】工具属性栏

【例 5-7】在绘图文件中，使用【交互式填充】工具填充图形对象。

(1) 打开绘图文件，使用【选择】工具选择图形对象，如图 5-36 所示。

(2) 选择工具箱中的【交互式填充】工具，然后在选中的图像上单击并拖动创建填充效果，如图 5-37 所示。

(3) 在调色板中单击黄色色板，更改渐变终点位置的颜色。然后在调色板中单击橘红色色板并按住鼠标左键，当光标变为 状态时将其拖动至起始位置处释放，更改起始位置的颜色，如图 5-38 所示。

图 5-36 选择图形对象   图 5-37 使用【交互式填充】工具

(4) 使用步骤(3)的操作方法在渐变路径上添加颜色，并移动渐变路径上起始点和终止点的位置，改变渐变角度，如图 5-39 所示。

图 5-38　调整颜色

图 5-39　调整渐变的颜色和角度

5.7　使用【网状填充】工具

使用【网状填充】时，可以为对象应用复杂的独特效果。应用网状填充时，不但可以指定网格的列数和行数，而且可以指定网格的交叉点。创建网状对象之后，还可以通过添加和删除节点或交点来编辑网状填充网格。

【例 5-8】在绘图文件中，使用【交互式网状填充】工具填充图形对象。

(1) 打开绘图文件，使用【选择】工具选择图形对象，然后选择【交互式网状填充】工具，在选中的对象上将出现网格，如图 5-40 所示。

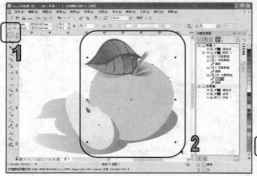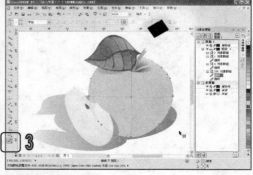

图 5-40　选择对象并使用网状填充

(2) 将光标靠近网格线，当光标变为 ✎ 形状时在网格线上双击，可以添加一条经过该点的网格线，如图 5-41 所示。

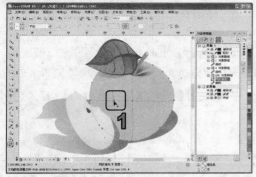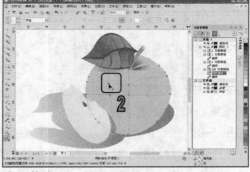

图 5-41 添加网格线

(3) 选择要填充的节点，使用鼠标左键单击调色板中相应的色样即可对该节点处的区域进行填充，如图 5-42 所示。

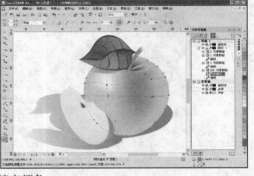

图 5-42 填充颜色

(4) 将光标移动到节点上，按住并拖动节点，即可改变颜色填充的效果，网格上节点的调整方法与路径上节点的调整方法相似，如图 5-43 所示。

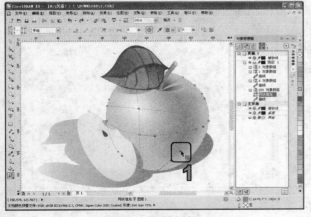

图 5-43 调整颜色

提示

网状填充只能应用于闭合对象或单条路径。如果要在复杂的对象中应用网状填充，首先必须创建网状填充的对象，然后将它与复杂对象组合。

新世纪高职高专规划教材

5.8 使用滴管工具

滴管工具可以辅助用户进行取色和填充。【属性滴管】工具可以从绘图窗口或桌面上的对象中选择并复制颜色。选择【属性滴管】工具后可以为对象选择并复制对象属性，如填充、线条粗细、大小和效果等。使用【属性滴管】工具吸取对象属性后，可以将这些对象属性应用到绘图窗口中的其他对象上。

【例 5-9】在绘图文件中，使用【属性滴管】工具复制对象属性。

(1) 打开一幅绘图文件，并使用【选择】工具选择其中之一的图形对象，如图 5-44 所示。

(2) 选择【属性滴管】工具，在属性栏的【属性】下拉列表中选择【轮廓】、【填充】选项，然后使用【属性滴管】工具单击对象，如图 5-45 所示。

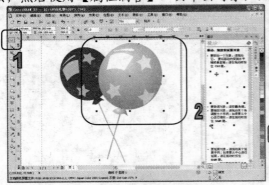
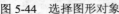
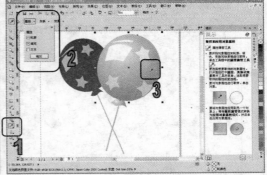

图 5-44　选择图形对象　　　　　　　　图 5-45　使用【属性滴管】工具

(3) 当光标变为油漆桶◇状时，在属性栏的【属性】下拉列表中选择【轮廓】、【填充】选项，然后使用鼠标单击需要应用对象属性的对象，即可将吸取的源对象信息应用到目标对象中，如图 5-46 所示。

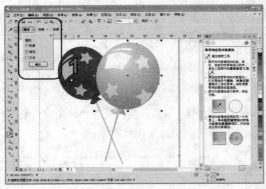
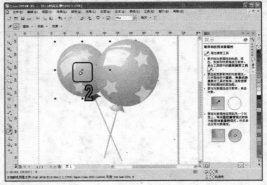

图 5-46　复制对象属性

(4) 单击属性栏中的【选择对象属性】按钮，使用该工具在要吸取属性的对象上单击，当光标变为油漆桶◇状时，再使用鼠标单击需要应用所选对象属性的对象，如图 5-47 所示。

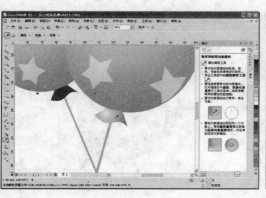
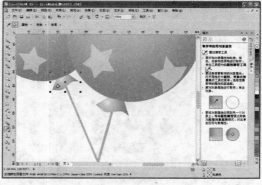

图 5-47　复制对象属性

提示

在属性栏中还可以单击【变换】和【效果】下拉列表，选择需要吸取对象的旋转、缩放、透视、混合等属性。

5.9　上机实战

本章的上机实战主要练习绘制图形，使用户更好地掌握各种图形对象的绘制及填充的基本操作方法和技巧。

(1) 新建一个空白文档，选择工具箱中的【贝塞尔】工具，在文档中绘制如图 5-48 所示的图形。

(2) 选择工具箱中的【交互式填充】工具，在图形对象上从右下方向左上方拖动进行填充。然后在工具属性栏中，单击起始颜色旁的 按钮，在弹出的下拉面板中单击【其他】按钮，在打开的对话框中将颜色设置为 C=96、M=72、Y=0、K=56 的颜色。使用相同方法设置终止颜色为 C=26、M=0、Y=0、K=0，如图 5-49 所示。

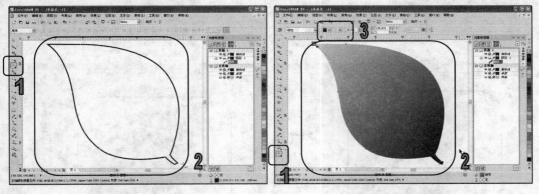

图 5-48　绘制图形　　　　　　　　　　　图 5-49　设置颜色

(3) 拖动交互式渐变填充路径上的起始点、终止点以及中点的位置改变渐变效果，如图 5-50 所示。

(4) 选择工具箱中的【贝塞尔】工具，绘制如图 5-51 所示的图形。

新世纪高职高专规划教材

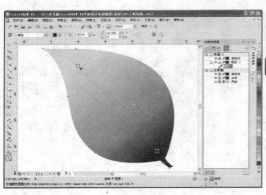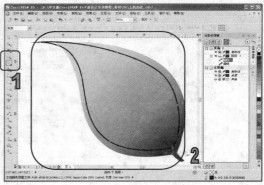

图 5-50　调整颜色　　　　　　　　　图 5-51　绘制图形

(5) 单击工具箱中的【填充】工具，在展开的工具条中选择【均匀填充】，打开【均匀填充】对话框。选中【模型】选项卡，在【模型】下拉列表中选择需要的颜色模式。在【组件】中输入所需的颜色参数值 C=96、M=72、Y=0、K=0，然后单击【确定】按钮即可填充图形。并在调色板中，右击无色板取消轮廓色，如图 5-52 所示。

(6) 按 Ctrl+C 键复制图形，按 Ctrl+V 键粘贴，然后继续使用【贝塞尔】工具，绘制如图 5-53 所示的图形。

(7) 使用【选择】工具选中步骤(6)中复制的图形和绘制的图形，然后在属性栏中单击【移除前面对象】按钮，修整图形，并单击调色板中的白色色板，以便于观察，如图 5-54 所示。

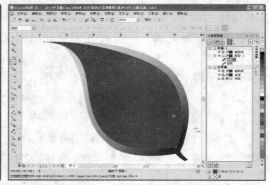

图 5-52　填充颜色

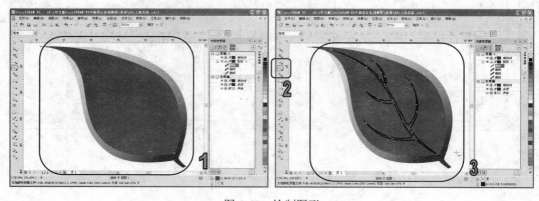

图 5-53　绘制图形

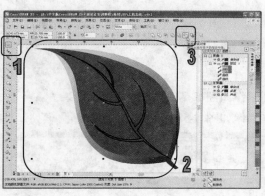
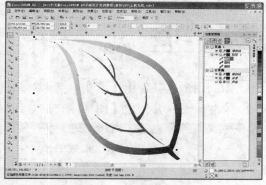

图 5-54　修整图形

（8）选择工具箱中的【交互式填充】工具，在工具属性栏的【填充类型】下拉列表中选择【辐射】；然后使用步骤(2)的操作方方法设置终止点颜色，并在渐变路径上双击，增加颜色，调整渐变效果，如图 5-55 所示。

（9）选择工具箱中的【贝塞尔】工具，绘制如图 5-56 左图所示的图形，并在调色板中取消轮廓颜色，填充白色，如图 5-56 右图所示。

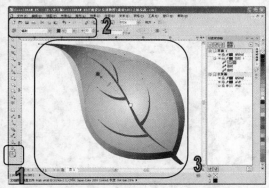
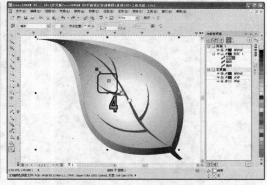

图 5-55　填充图形

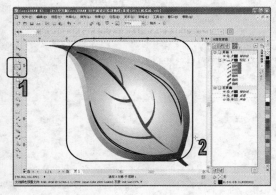
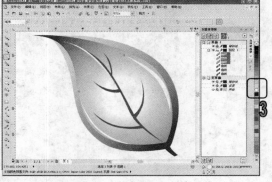

图 5-56　绘制图形

新世纪高职高专规划教材

5.10 习题

1. 绘制图形，并使用【渐变填充】对话框制作如图 5-57 所示的填充效果。
2. 绘制图形，并使用【图样填充】对话框制作如图 5-58 所示的填充效果。

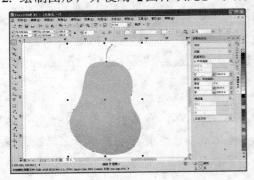
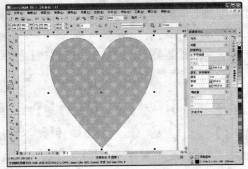

　　图 5-57　渐变填充　　　　　　　　　　图 5-58　图样填充

第6章

文本的编辑

主要内容　　CorelDRAW X5 中提供了创建文本、设置文本格式及设置段落文本等多种文本功能，使用户可以根据设置需要方便地创建各种类型文字和设置文本属性。掌握这些文本对象的操作方法，有利于用户更好地在版面设计中合理应用文本对象。

本章重点
- ➤ 添加文本
- ➤ 选择文本对象
- ➤ 设置文本格式
- ➤ 沿路径编排文本
- ➤ 编辑和转换文本
- ➤ 图文混排

6.1　添加文本

在 CorelDRAW X5 中使用的文本类型，包括美术字文本和段落文本，如图 6-1 所示。美术字文本用于添加少量文字，可将其当做一个单独的图形对象来处理。段落文本用于添加大篇幅的文本，可对其进行多样的文本编排。美术字文本是一种特殊的图形对象，用户既可以进行图形对象方面的处理操作，也可以进行文本对象方面的处理操作；而段落文本只能进行文本对象的处理操作。

图 6-1　美术字文本和段落文本

在进行文字处理时，可直接使用【文本】工具输入文字，也可从其他应用程序中载入文字，用户可根据具体的情况选择不同的文字输入方式。

§ 6.1.1　添加美术字文本

要输入美术字文本，只要选择工具箱中的【文本】工具，在绘图页面中的任意位置单击鼠标左键，出现输入文字的光标后，便可直接输入文字。需要注意的是美术字文本不能够自动换行，如需要换行可以按 Enter 键进行文本换行，如图 6-2 所示。

图 6-2　输入美术字文本

添加美术字文本后，用户可以通过属性栏设置修改文本属性。选取输入的文本后，文本属性栏选项设置如图 6-3 所示。

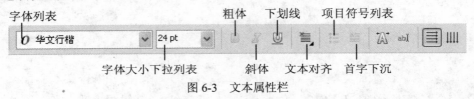

图 6-3　文本属性栏

文本属性栏中的【字体列表】用于为输入的文字设置字体。【字体大小】下拉列表用于为输入的文字设置字体大小。按下属性栏中对应的字符效果按钮，可以为选择的文字设置粗体、斜体和下划线等效果。

 提示

　　使用【文本】工具输入文字后，可直接拖动文本四周的控制点来改变文本大小。如果要通过属性栏精确改变文字的字体和大小，必须先使用【选择】工具选择文本后才能执行。

§ 6.1.2　添加段落文本

段落文本与美术字文本有本质区别。如果要创建段落文本必须先使用【文本】工具在页面中拖动创建一个段落文本框，才能进行文本内容的输入，并且所输入的文本会根据文本框自动换行。

段落文本框是一个大小固定的矩形，文本中的文字内容受到文本框的限制。如果输入的文本超过文本框的大小，那么超出的部分将会被隐藏。用户可以通过调整文本框的范围显示隐藏的文本。

【例 6-1】在绘图文件中，使用【文本】工具输入段落文本。

(1) 选择【文本】工具，在绘图窗口中按下鼠标左键不放，拖曳出一个矩形的段落文本框，如图6-4所示。

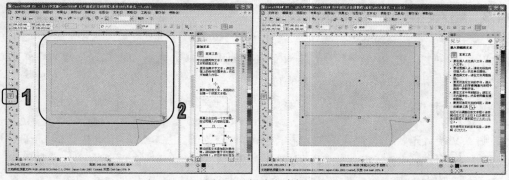

图6-4　创建文本框

(2) 释放鼠标后，在文本框中将出现输入文字的光标，此时即可在文本框中输入段落文本。默认情况下，无论输入的文字多少，文本框的大小都会保持不变，超出文本框容纳范围的文字都将被自动隐藏。要显示全部文字，可移动光标至下方的控制点，然后按下鼠标并拖动，直到文字全部出现即可，如图6-5所示。

(3) 按Ctrl+A键将文字全选，并在属性栏中的【字体大小】下拉列表中选择16pt，设置字体大小，如图6-6所示。

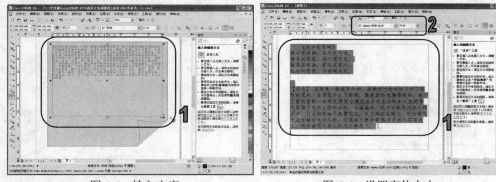

图6-5　输入文字　　　　　　　　　　　图6-6　设置字体大小

技巧

在选择文本框后，也可以选择【文本】|【段落文本框】|【使文本适合框架】命令，文本框将自动调整文字的大小，使文字在文本框中完全显示出来，如图6-7所示。

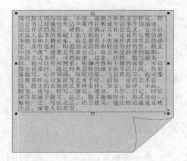

图6-7　使文本适合框架

新世纪高职高专规划教材

§ 6.1.3 贴入、导入外部文本

如果需要在 CorelDRAW 中添加其他文字处理程序中的文本，如 Word 或写字板等中的文字时，可以使用贴入或导入的方式来完成。

1. 贴入文本

要贴入文字，先要在其他文字处理程序中选取需要的文字，然后按下快捷键 Ctrl+C 进行复制。再切换到 CorelDRAW X5 应用程序中，使用【文本】工具在页面中按住鼠标左键并拖动创建一个段落文本框，然后按下快捷键 Ctrl+V 进行粘贴，弹出如图 6-8 所示的【导入/粘贴文本】对话框。用户可以根据实际需要，选择其中的【保持字体和格式】、【仅保持格式】或【摒弃字体和格式】单选按钮，然后单击【确定】按钮即可。

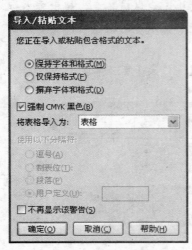

> **提示**
>
> 将【记事本】中的文字复制并粘贴到 CorelDRAW 文件中时，系统会直接对文字进行粘贴，而不会弹出【导入/粘贴文本】对话框。

图 6-8　【导入/粘贴文本】对话框

> ➤ 【保持字体和格式】：保持字体和格式可以确保导入和粘贴的文本保留原来的字体类型，并保留项目符号、栏、粗体与斜体等格式信息。
> ➤ 【仅保持格式】：只保留项目符号、栏、粗体与斜体等格式信息。
> ➤ 【摒弃字体和格式】：导入或粘贴的文本将采用选定文本对象的属性，如果为选定对象，则采用默认的字体与格式属性。
> ➤ 【将表格导入为】：在其下拉列表中可以选择导入表格的方式，包括【表格】和【文本】选项。选择【文本】选项后，下方的【使用以下分割符】选项将被激活，在其中可以选择使用的分隔符的类型。
> ➤ 【不再显示该警告】：选取该复选框后，执行粘贴命令时将不会出现该对话框，应用程序将按默认设置对文本进行粘贴。

2. 导入文本

要导入文本，可以选择【文件】|【导入】命令，在弹出的【导入】对话框中选择需要导

入的文本文件，然后单击【导入】按钮。在弹出的【导入/粘贴文本】对话框中进行设置后，单击【确定】按钮。当光标变为标尺状态后，在绘图页面中单击鼠标，即可将该文件中的所有文字内容以段落文本的形式导入到当前页面中。

【例 6-2】在绘图文档中，导入文本。

(1) 选择【文件】|【导入】命令，在打开的【导入】对话框中选择需要导入的文本文件，然后单击【导入】按钮，如图 6-9 所示。

(2) 在打开的【导入/粘贴文本】对话框中，选中【保持字体和格式】单选按钮，然后单击【确定】按钮，如图 6-10 所示。

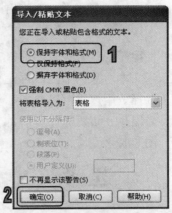

图 6-9　导入文本　　　　　　图 6-10　设置【导入/粘贴文本】对话框

(3) 当光标变为标尺状态时，在绘图窗口中单击鼠标，即可将该文件中所有的文字内容以段落文本的形式导入到当前绘图窗口中，如图 6-11 所示。

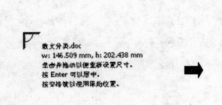

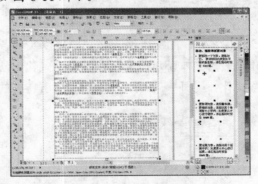

图 6-11　导入文本

6.2　选择文本对象

在 CorelDRAW 中对文本对象和图形对象进行编辑处理之前，首先要选中文本才能进行相应的操作。用户如果要选择绘图页中的文本对象，可以使用工具箱中的【选择】工具，也可以使用【文本】工具和【形状】工具。用户使用【选择】或【文本】工具选择对象时，在文本框或美术字文本周围将会显示 8 个控制柄，使用这些控制柄，可以调整文本框或美术字文本的大小；用户还可以通过文本对象中心显示的 ✖ 标记，调整文本对象的位置。上述两种方法可以对全部文本对象进行选择调整，但是如果想要对文本中某个文字进行调整时，则可以使用【形状】工具。

> ➢ 使用【选择】工具：这是选择全部文本对象操作方法中比较简单的一种。只需选择工具箱中的【选择】工具，然后在文本对象的任意位置单击，即可将全部文本对象选择。

> ➢ 使用【文本】工具：选择工具箱的【文本】工具后，将光标移至文本对象的位置上单击，并按 Ctrl+A 键全选文本。或在文本对象上单击并拖动鼠标，选中需要编辑的文字内容。

> ➢ 使用【形状】工具：选择工具箱中的【形状】工具，在文本对象上单击，这时会显示文本对象的节点，再在文本对象外单击并拖动，框选文本对象，即可将文本全部选择。用户也可以单击某一文字的节点，将该文字选择，所选择的文字的节点将变为黑色。如要选择多个文字，可以按住 Shift 键同时使用【形状】工具进行选择，如图 6-12 所示。

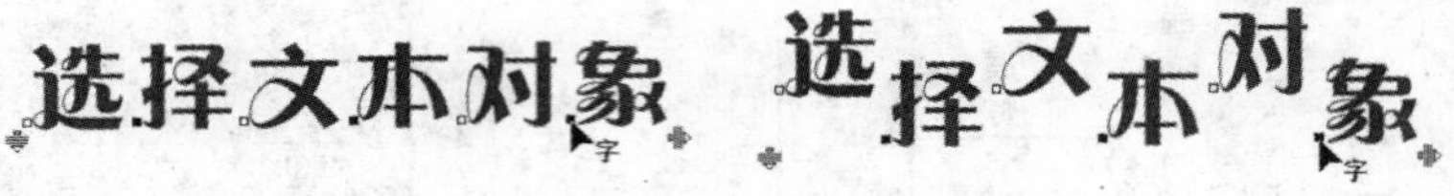

图 6-12 使用【形状】工具选择文本

6.3 设置文本格式

CorelDRAW 的文本格式化功能可以实现各种基本的格式化内容。其中有不论是美术字文本还是段落文本都可以共用的基本格式化方法，如改变字体、字号，增加字符效果等一些基本格式化；另外，还有一些段落文本所特有的格式化方法。

§ 6.3.1 设置字体、字号和颜色

字体、字号、颜色是文本格式化中最重要和最基本的内容，它直接决定着用户输入的文本大小和显示状态，影响着文本视觉效果。

在 CorelDRAW 中，段落文本和美术字文本的字体和字号的设置方法基本相同，用户可以先在【文本】工具属性栏或【字符格式化】泊坞窗中设置字体、字号，然后再进行文本输入；也可以先输入文本，然后根据绘图的需要进行格式化。而设置字体颜色的操作方法与填充图形对象相同，在选中文字内容后，可以对其进行均匀填充或渐变填充。

【例 6-3】在绘图文档中输入文字，并调整文字效果。

(1) 按下 Ctrl+I 键导入一幅图像文件，选择工具箱中的【文本】工具，输入文字内容，如图 6-13 所示。

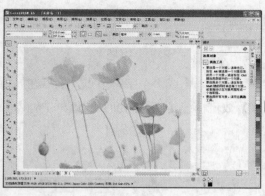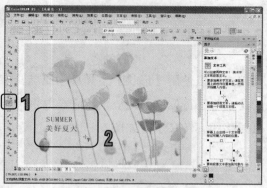

图 6-13　输入文字

（2）使用【选择】工具选中输入的文本对象，在工具属性栏的【字体列表】下拉菜单中为对象设置合适的字体，设置【字体大小】为 48pt，如图 6-14 所示。

（3）在工具箱中选择【填充】工具中的【渐变填充】选项，打开【渐变填充】对话框。选中【双色】单选按钮，从【从】颜色挑选器中选择红色，【到】颜色挑选器中选择深黄色，设置【角度】数值为 280°，然后单击【确定】按钮，如图 6-15 所示。

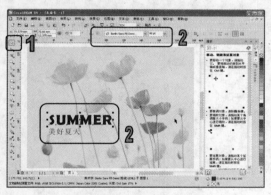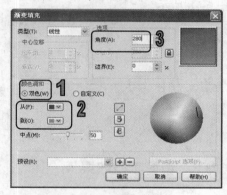

图 6-14　设置字体大小　　　　　　　　图 6-15　渐变填充

（4）选择文本对象后，单击属性栏中的【字符格式化】按钮，打开【字符格式化】泊坞窗，对文字的字体和字体大小等属性进行设置。然后使用步骤(3)的操作方法更改文字的填充颜色，如图 6-16 所示。

图 6-16　设置字体格式和颜色

新世纪高职高专规划教材

§ 6.3.2　移动、旋转字符

用户可以使用【形状】工具移动或旋转字符。选择一个或多个字符节点，然后在属性栏上的【水平字符偏移】数值框、【垂直字符偏移】数值框或【字符角度】数值框中输入数值即可偏移和旋转文字，如图 6-17 所示。

图 6-17　偏动、旋转字符

也可以使用【字符格式化】泊坞窗调整文本对象的偏移和旋转。单击【字符格式化】泊坞窗中的【字符位移】向下滚动箭头，然后在显示的数值框中输入数值可以调整文本对象，如图 6-18 所示。

图 6-18　字符偏移

§ 6.3.3　设置字符效果

在编辑文本过程中，有时需要根据文字内容，为文字添加相应的字符效果，以达到区分、突出文字内容的目的。设置字符效果可以通过【字符格式化】泊坞窗来完成。

1. 添加划线

在处理文本时，为了强调一些文本的重要性或编排某些特殊的文本格式，常在文本中添加一些划线，如上划线、下划线和删除线等，用户还可以编辑这些划线的样式。

选择【文本】|【字符格式化】命令或单击属性栏中的【字符格式化】按钮，打开【字符格式化】泊坞窗，展开其中的【字符效果】选项。

➢ 下划线：用于为文本添加下划线效果。该选项的下拉列表如图 6-19 所示，其中向用户提供了 6 种预设的下划线样式。选择【编辑】选项后，在打开的【编辑下划线样式】对话框中可以对这 6 种预设样式进行自定义设置，如图 6-20 所示。

图 6-19　下划线　　　　　　　　图 6-20　【编辑下划线样式】对话框

> 删除线：用于为文本添加删除线效果。该选项的下拉列表选项与添加删除线效果如图 6-21 所示。

> 上划线：用于为文本添加上划线效果，该选项的下拉列表选项与添加上划线效果如图 6-22 所示。

图 6-21　删除线　　　　　　　　　　　图 6-22　上划线

2. 设置上标和下标

在输入一些数学或其他自然科学方面的文本时，常要对文本中的某一字符使用上标或下标。在 CorelDRAW 中，用户可以方便地将文本改为上标或下标。

要将字符更改为上标或下标，先要使用【文本】工具选中文本对象中的字符，然后在【字符格式化】泊坞窗【字符效果】中的【位置】下拉列表中，选择【下标】选项可以将选定的字符更改为其他字符的下标；选择【上标】选项可以将选定的字符更改为其他字符的上标，如图 6-23 所示。

$$H2O \rightarrow H_2O \qquad 322 \rightarrow 32^2$$

图 6-23　上标和下标

要取消上标或下标设置，先使用【文本】工具选定上标或下标字符，然后在【字符格式化】泊坞窗【字符效果】中的【位置】下拉列表中，选择【(无)】选项。

新世纪高职高专规划教材

3. 更改字母大小写

在 CorelDRAW 中，对于输入的英文文本，可以根据需要选择句首字母大写、全部小写或全部大写等形式。通过 CorelDRAW 提供的更改大小写功能，还可以进行大小写字母间的转换。所有这些功能仅对英文文本适用，对于中文文本不存在大小写的问题。要实现大小写的更改，可以通过【更改大小写】命令或【字符格式化】泊坞窗来实现。

在选择文本对象后，选择【文本】|【更改大小写】命令，打开【改变大小写】对话框。在该对话框中，选择其中的 5 个单选按钮之一，然后单击【确定】按钮可以更改文本对象大小写，如图 6-24 所示。

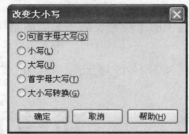

图 6-24　更改大小写

> 　【句首字母大写】：选中该单选按钮使选定文本中每个句子的第一个字母大写。
> 　【小写】：选中该单选按钮将把选定文本中的所有英文字母转换为小写。
> 　【大写】：选中该单选按钮将把选定文本中的所有英文字母转换为大写。
> 　【首字母大写】：选中该单选按钮使选定文本中的每一个单词的首字母大写。
> 　【大小写转换】：选中该单选按钮可以实现大小写的转换，即将所有大写字母改为小写字母，而将所有的小写字母改为大写字母。

§ 6.3.4　设置文本的对齐方式

在 CorelDRAW 中，用户可以对创建的文本对象进行多种对齐方式的编排，以满足不同的版面编排的需要。段落文本的对齐方式是基于段落文本框的边框进行的，而美术字文本的对齐方式是基于输入文本时的插入点位置进行对齐的。

要实现段落文本与美术文本的对齐，可以通过使用【文本】工具属性栏、【字符格式化】泊坞窗或【段落格式化】泊坞窗来进行。用户可以根据自己的需要和习惯，选择合适的方法进行编排操作。

要使用【文本】工具属性栏对齐段落文本，可以先使用【文本】工具选择所需对齐的文本对象，然后单击【文本】工具属性栏的【文本对齐】按钮或单击【字符格式化】泊坞窗中的【文本对齐】按钮，在下拉列表中选择所需的对齐方式即可，如图 6-25 所示。

图 6-25　文本对齐

> 【无】：单击该按钮，所选择的文本对象将不应用任何对齐方式。
> 【左】：如果所选择的文本对象是段落文本，单击该按钮，将会以文本框左边界对齐文本对象；如果所选择的文本对象是美术字文本，将会相对插入点左对齐文本对象，如图 6-26 所示。
> 【居中】：如果所选择的文本对象是段落文本，单击该按钮，将会以文本框中心点对齐文本对象；如果所选择的文本对象是美术字文本，将会相对插入点中心对齐文本对象，如图 6-27 所示。

图 6-26　左对齐　　　　　　　　　　　图 6-27　居中对齐

> 【右】：如果所选择的文本对象是段落文本，单击该按钮，将会以文本框右边界对齐文本对象；如果所选择的文本对象是美术字文本，将会相对插入点右对齐文本对象，如图 6-28 所示。
> 【全部调整】：如果所选择的文本对象是段落文本，单击该按钮，将会以文本框两端边界分散对齐文本对象，但不分散对齐末行文本对象；如果所选择的文本对象是美术字文本，将会以文本对象最长行的宽度分散对齐文本对象。
> 【强制调整】：如果所选择的文本是段落文本，单击该按钮，将会以文本框两端边界分散对齐文本对象，并且末行文本对象也进行强制分散对齐；如果所选择的文本对象是美术字文本，将会相对插入点两端对齐文本对象。如图 6-29 所示。

新世纪高职高专规划教材

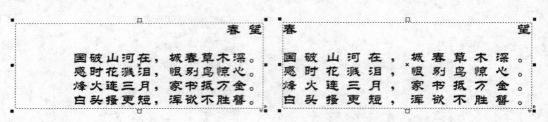

图 6-28　右对齐　　　　　　　　　　　图 6-29　强制调整

用户也可以选择【文本】|【段落格式化】命令，打开【段落格式化】泊坞窗。通过【段落格式化】泊坞窗展开如图 6-30 所示的【对齐】选项，设置段落文本在水平和垂直方向上的对齐方式。

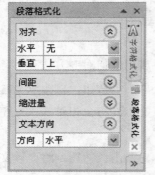

提示

单击【水平】下拉列表，可以选择文本在水平方向上与段落文本框对齐的方式。单击【垂直】下拉列表，可选择文本在垂直方向上与段落文本框的对齐方式。

图 6-30　【段落格式化】泊坞窗

§ 6.3.5　设置缩进

在文本处理过程中，对于段落的设置，首先要设置段落的缩进量，其中首行缩进可以调整段落文本的首行与其他文本行之间的空格字符数；左、右缩进可以调整除首行外的文本与段落文本框之间的距离。

【例 6-4】在绘图文件中，设置段落文本的缩进。

(1) 选择段落文本后，选择【文本】|【段落格式化】命令，打开【段落格式化】泊坞窗，展开【缩进量】选项，如图 6-31 所示。

(2) 在【首行】数值框中输入 15mm，然后按下 Enter 键设置段落文本首行缩进，如图 6-32 所示。

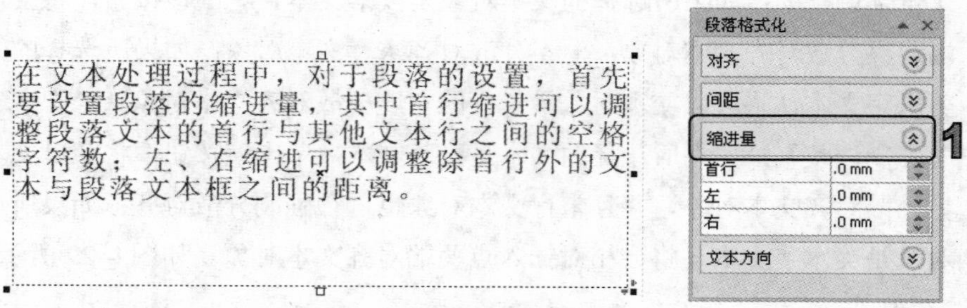

在文本处理过程中，对于段落的设置，首先要设置段落的缩进量，其中首行缩进可以调整段落文本的首行与其他文本行之间的空格字符数；左、右缩进可以调整除首行外的文本与段落文本框之间的距离。

图 6-31　选择文本

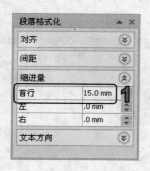

图 6-32 设置首行缩进

(3) 分别在【左】和【右】数值框中输入适当的数值 6mm，然后按下 Enter 键设置左右缩进，如图 6-33 所示。

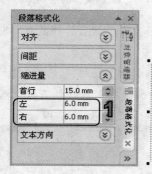

图 6-33 设置左右缩进

§ 6.3.6 设置字符间距

调整文本间距可以使文本易于阅读。在 CorelDRAW 中，不论是美术字文本还是段落文本，都可以精确设置字符间距和行距。

在改变美术字文本的行间距时，所设置的间距将被应用于使用 Enter 键换行的文本对象段落中。对于段落文本，所设置的间距可以应用于文本对象中同一段落的每一行，当选择整个文本对象时，所进行的设置将应用到文本框中的所有段落。如果用户只想设置某些段落，那么首先选择要设置的段落文本才可以进行调整。精确设置文本间距可以保证整个版面的统一性，特别适用于对文字内容较多文本对象的处理。

使用【段落格式化】对话框精确设置字符的间距时，首先使用【选择】工具选择全部文本对象，或者使用【文本】工具选择部分文本对象。然后选择菜单栏中的【文本】|【段落格式化】命令，打开【段落格式化】对话框。设置【段落格式化】对话框中的各个参数选项，完成设置后，按 Enter 键确定即可。

【例 6-5】在绘图文件中，调整段落文本间距。

(1) 使用【文本】工具创建一个段落文本对象，并使用【形状】工具将其选取，如图 6-34 所示。

(2) 在文本框右边的 控制符号上按下鼠标左键，拖动鼠标到适当的位置后释放鼠标，即可调整文本的字间距，如图 6-35 所示。

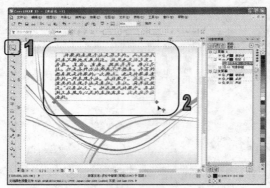

图 6-34　选中文本　　　　　　　　　　　　图 6-35　调整文本的字间距

(3) 按下鼠标左键拖拽文本框下面的≣控制符号到适当位置，然后释放鼠标，即可调整文本行距，如图 6-36 所示。

(4) 选择【文本】|【段落格式化】命令，打开【段落格式化】泊坞窗，单击【间距】选项右边的❤按钮展开设置选项。在【段落和行】选项区域中的【行】右边的百分比数值框中，输入所需的行距值 100%，按下 Enter 键，即可调整文本的行间距。如图 6-37 所示。

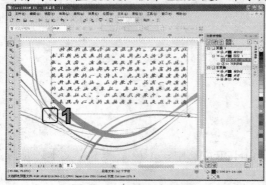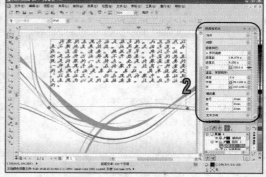

图 6-36　调整文本行距　　　　　　　　　　图 6-37　设置行间距

(5) 在【语言、字符和字】选项区域中的【字符】右边的百分比数值框中，输入所需的字间距值 30%，按下 Enter 键，即可调整文本的字间距，如图 6-38 所示。

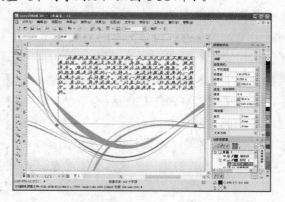

图 6-38　设置字间距

§ 6.3.7　设置项目符号

为文本添加项目符号,可以使文本中一些并列的段落风格统一、条理清晰。在 CorelDRAW 中, 为用户提供了丰富的项目符号样式。选择【文本】|【项目符号】命令,打开【项目符号】对话框进行设置, 可以为段落文本的句首添加各种项目符号。

【例 6-6】在绘图文件中, 设置段落文本的项目符号。

(1) 使用【文本】工具选择需要添加项目符号的段落文本, 如图 6-39 所示。

(2) 选择【文本】|【项目符号】命令,打开【项目符号】对话框,选中【使用项目符号】复选框, 如图 6-40 所示。

图 6-39　选择文本

图 6-40　使用项目符号

(3) 在【符号】下拉列表中选择系统提供的符号样式; 在【大小】数值框中输入适当的符号大小值 9pt,并在【文本图文框到项目符号】数值框中输入数值 5mm,在【到文本的项目符号】数值框中输入数值 3mm, 然后单击【确定】按钮应用设置, 如图 6-41 所示。

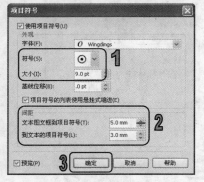

图 6-41　设置项目符号

提示

在【项目符号】对话框中, 【文本图文框到项目符号】选项用于设置文本框与项目符号之间的距离。【到文本的项目符号】选项用于设置项目符号与后面的文本之间的距离。

§ 6.3.8　设置首字下沉

　　要设置首字下沉效果，可以在【文本】工具属性栏上单击【首字下沉】按钮，也可以选择【文本】|【首字下沉】命令，打开如图 6-42 所示的【首字下沉】对话框。在对话框中，选中【使用首字下沉】复选框。

图 6-42　【首字下沉】对话框

提示

　　要取消段落文本的首字下沉效果，可在选择段落文本后，单击属性栏中的【首字下沉】按钮，或取消选中【首字下沉】对话框中的【使用首字下沉】复选框。

> ➤　【下沉行数】数值框：可以指定字符下沉的行数。
> ➤　【首字下沉后的空格】数值框：可以指定下沉字符与正文间的距离。
> ➤　【首字下沉使用悬挂式缩进】复选框：可以使首字符悬挂在正文左侧。

　　【例 6-7】 在绘图文件中，设置首字下沉效果。

　　(1) 选择段落文本后，选择【文本】|【首字下沉】命令，打开【首字下沉】对话框，选择【使用首字下沉】复选框，如图 6-43 所示。

　　(2) 在【下沉行数】数值框中输入需要下沉的字数量 5，在【首字下沉后的空格】数值框中输入 3mm，设置首字距后面文字的距离，设置好后，选择【预览】复选框，预览首字下沉的效果，如图 6-44 所示。

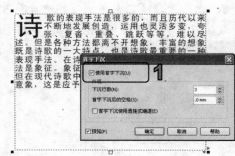

图 6-43　使用首字下沉

图 6-44　设置首字下沉

新世纪高职高专规划教材

(3) 在对话框中，选中【首字下沉使用悬挂式缩进】复选框，然后单击【确定】按钮，如图 6-45 所示。

图 6-45　使用首字下沉

§ 6.3.9　设置分栏

对文本对象进行分栏操作是一种非常实用的编排方式。在 CorelDRAW 中提供的分栏格式可分为等宽和不等宽两种。用户可以为选择的段落文本对象添加一定数量栏，还可以为分栏设置栏间距。用户在添加、编辑或删除栏时，可以为保持段落文本框的长度而重新调整栏的宽度，也可以为保持栏的宽度而调整文本框的长度。

【例 6-8】在绘图文件中，设置分栏效果。

(1) 在打开的绘图文件中，选择【选择】工具选中段落文本对象，然后选择菜单栏中的【文本】|【栏】命令，打开【栏设置】对话框，如图 6-46 所示。

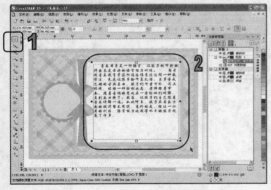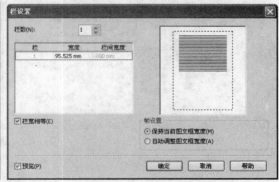

图 6-46　选择文本

提示

在【栏设置】对话框中，如果选择【保持当前图文框宽度】单选按钮，可以在增加或删除分栏的情况下，仍保持文本框的宽度不变；如果选择【自动调整图文框宽度】单选按钮，那么当增加或删除分栏时，文本框会自动调整而栏的宽度将保持不变。

(2) 用户可以在【栏设置】对话框中，使用【宽度】和【栏间宽度】文本框中的数值精确设置栏的宽度和栏间宽度。在【栏数】数值框中输入 2，设置【栏间宽度】数值为 5mm，然后单击【确定】按钮应用分栏，如图 6-47 所示，

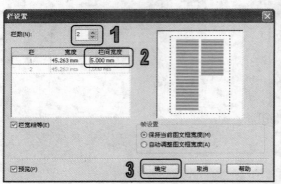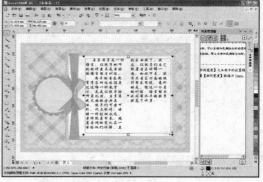

图 6-47　应用分栏

技巧

对于已经添加了等宽栏的文本，还可以进一步改变栏的宽度和栏间距。使用【文本】工具选择所需操作的文本对象，这时文本对象将会显示分栏线，将光标移至文本对象中间的分栏线上时，光标将变为双向箭头，按住鼠标左键并拖动分界线，可调整栏宽和栏间距。如图 6-48 所示。

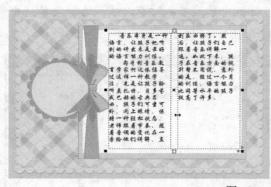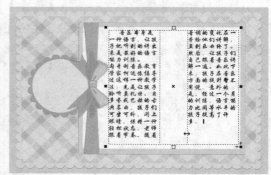

图 6-48　调整栏宽

§ 6.3.10　链接段落文本框

在 CorelDRAW 中，可以通过链接文本的方式，将一个段落文本分离成多个文本框链接，文本框链接可移动到同个页面的不同位置，也可以在不同页面中进行链接，它们之间始终是相互关联的。

1. 链接多个文本框

如果所创建的绘图文件中有多个段落文本，那么可以将它们链接在一起，并显示文本内

容的链接方向。链接后的文本框中的文本内容将相互关联，如果前一文本框中的文本内容超出所在文本框的大小，那么所超出的文本内容将会自动出现在后一文本框中，依此类推。

链接的多个文本框中的文本对象属性是相同的，如果改变其中一个文本框中文本的字体或文字大小，其他文本框中的文本也会发生相应的变化。

【例 6-9】在绘图文件中，链接多个文本框。

(1) 选择工具箱中的【文本】工具，在绘图窗口中的适当位置创建两个段落文本框。在其中一个段落文本框中输入文本，如图 6-49 所示。

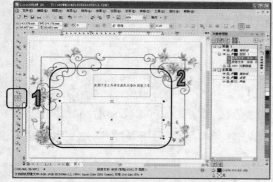
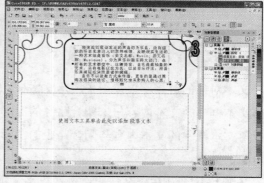

图 6-49　输入文本

(2) 移动光标至文本框下方的▽控制点上，光标变为双向箭头形状。单击鼠标左键，光标变为▤形状后，将光标移动到另一文本框中，光标变为黑色箭头后单击，即可将未显示的文本显示在文本框中，并可以将两个文本框进行链接。如图 6-50 所示。

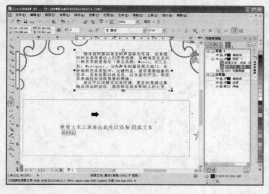
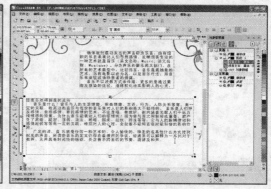

图 6-50　链接文本框

💡 **提示**

使用【选择】工具选择文本对象，移动光标至文本框下方的▽控制点上，光标变为双向箭头形状；单击鼠标左键，光标变为▤形状后，在页面上的其他位置按下鼠标左键拖拽出一个段落文本框；此时未显示的文本部分将自动转移到新创建的链接文本框中，如图 6-51 所示。

新世纪高职高专规划教材

图 6-51　链接文本框

2. 链接段落文本框与图形对象

文本对象的链接不仅仅限于段落文本框，也可以应用于段落文本框与图形对象之间。当段落文本框中的文本内容与未闭合路径的图形对象链接时，文本对象将会沿路径进行链接；当段落文本框中的文本内容与闭合路径的图形对象链接时，会将图形对象当作文本框进行文本对象的链接。

【例 6-10】在绘图文件中，链接段落文本框与图形对象。

(1) 在打开的绘图文件中，使用【选择】工具选择段落文本。

(2) 移动光标至文本框下方的□控制点上，光标变为双向箭头形状。单击鼠标左键，光标变为□形状后，将光标移动到图形对象中，光标变为黑色箭头后单击，即可将文本显示在图形对象中，然后按 Delete 键删除文本框，如图 6-52 所示。

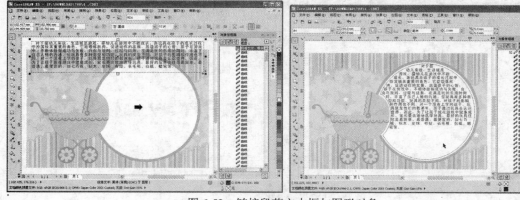

图 6-52　链接段落文本框与图形对象

3. 解除对象之间的链接

要解除文本链接，可以在选取链接的文本对象后，按 Delete 键删除。删除链接后，剩下的文本框仍保持原来的状态。

另外，在选取所有的链接对象后，可以选择【文本】|【段落文本框】|【断开链接】命令，将链接断开。断开链接后，文本框各自独立。

6.4　沿路径编排文本

在 CorelDRAW 中，将文本对象沿路径进行编排是文本对象一种特殊的编排方式。默认状态下，所输入的文本都是沿水平方向排列的，虽然可以使用【形状】工具将文本对象进行旋转或偏移操作，但这种方法只能用于简单的文本对象编辑，而且操作比较繁琐。

使用 CorelDRAW 中的沿路径编排文本的功能，可以将文本对象嵌入到不同类型的路径中，使其具有更多变化的外观，并且用户通过相关的编辑操作还可以更加精确地调整文本对象与路径的嵌合。

§ 6.4.1　在图形内输入文本

在 CorelDRAW 中，用户如果想沿图形对象的轮廓线放置文本对象，其最简单的方法就是直接在轮廓线路径上输入文本，文本对象将会自动沿路径进行排列。

如果要将已输入的文本沿路径排列，可以选择菜单栏中的【文本】|【使文本适合路径】命令进行操作。如果结合工具属性栏还可以更加精确地设置文本对象在指定路径上的位置、放置方式以及文本对象与路径的距离等参数属性，如图 6-53 所示。

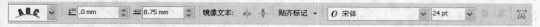

图 6-53　工具属性栏

> 【文本方向】下拉列表：用于设置文本对象在路径上排列的文字方向。
> 【与路径的距离】数值框：用于设置文本对象与路径之间的间隔距离。
> 【水平偏移】数值框：用于设置文本对象在路径上的水平偏移尺寸。
> 【镜像文本】选项：单击该选项中的【水平镜像】按钮和【垂直镜像】按钮，可以设置镜像文本后的位置。

【例 6-11】在打开的绘图文件中，沿路径编排文本。

(1) 在 CorelDRAW 应用程序中，选择打开一幅绘图文件，如图 6-54 所示。

(2) 选择【文本】工具，将光标移动到对象的轮廓线上，当光标变为 形状时单击鼠标左键，即可在路径上输入文字，如图 6-55 所示。

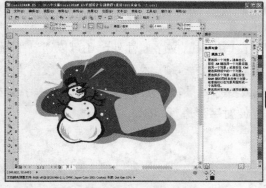

图 6-54　打开图形文件　　　　　　　　图 6-55　沿路径输入文本

新世纪高职高专规划教材

(3) 选择【文本】工具，将光标移动到对象的轮廓线内，当光标变为 $^I_\boxplus$ 形状时单击鼠标左键，此时在图形内将出现段落文本框，在文本框中输入所需的文字即可。如图 6-56 所示。

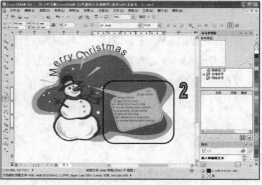

图 6-56　在轮廓线内输入文本

技巧

选择文本后，在属性栏上单击【贴齐标记】按钮，启用【打开贴齐记号】选项，然后在【记号间距】框中键入一个值。当在路径上移动文本时，文本将按照用户在【记号间距】数值框中指定的增量进行移动。移动文本时，文本与路径间的距离显示在原始文本的下方。

§ 6.4.2　拆分沿路径文本

将文本对象沿路径排列后，CorelDRAW 会将文本对象和路径作为一个对象。如果需要分别对文本对象或路径进行处理，那么可以将文本对象从图形对象中分离出来。分离后的文本对象会保持它在路径上的形状。

用户想将文本对象与路径分离，只需使用【选择】工具选择沿路径排列的文本对象，然后选择菜单栏中的【排列】|【拆分在一条路径上的文本】命令即可。拆分后，文本对象和图形对象将变为两个独立的对象，可以分别对它们进行编辑处理。

6.5　编辑和转换文本

在处理文字的过程中，除了可以直接在绘图窗口中设置文字属性外，还可以通过【编辑文本】对话框来完成。在编辑文本时，可以根据版面需要，将美术字文本转换为段落文本，以便编排文字；或者为了在文字中应用各种填充或特殊效果，将段落文本转换为美术字文本。除此之外，用户也可以将文本转换为曲线，以方便对字形进行编辑。

§ 6.5.1　编辑文本

在选择文本对象后，选择【文本】|【编辑文本】命令，即可在打开的【编辑文本】对话

框中更改文本的内容，设置文字的字体、字号、字符效果、对齐方式，更改英文大小写以及导入外部文本等。

 提示

> 按 Ctrl+Shift+T 键或单击属性栏中的【编辑文本】按钮 $\boxed{\text{abl}}$，也可以打开【编辑文本】对话框。

§ 6.5.2 美术字和段落文本的转换

美术字文本与段落文本具有不同的属性，各有其独特的编辑方式。如果用户需要将美术字文本转换为段落文本，先使用【选择】工具选择需要进行转换的美术字文本，然后选择菜单栏中的【文本】|【转换到段落文本】命令，即可将所选择的美术字文本转换为段落文本，如图 6-57 所示。转换后的美术字文本周围会显示段落文本框，可以应用段落文本的编辑操作。

图 6-57 美术字文本与段落文本的转换

如果使用【选择】工具选择所要转换的段落文本，选择【文本】|【转换到美术字】命令，即可将所选的段落文本转换为美术字文本。

 技巧

> 用户也可以通过在想要进行转换的文本对象上右击，在弹出的快捷菜单中选择相应的转换命令，或直接按 Ctrl+F8 快捷键，实现美术字文本与段落文本的相互转换。

§ 6.5.3 文本转换为曲线

虽然文本对象之间可以通过相互转换进行各种编辑，但如要将文本作为特殊图形对象应用图形对象的编辑操作，那么就需要将文本对象改变为具有图形对象的属性的曲线以适应编辑调整的操作。

用户如果想将文本对象转换为曲线图形对象，可以在绘图页中选择需要操作的文本对象，再选择菜单栏中的【排列】|【转换为曲线】命令、或按 Ctrl+Q 键将文本对象转换为曲线图形对象，然后使用【形状】工具通过添加、删除或移动文字的节点改变文本的形状。也可以使用【选择】工具选择文本对象后，单击鼠标右键在打开的快捷菜单中选择【转换为曲线】命令，实现文本对象转换为曲线图形对象的操作。

【例 6-12】在绘图文件中，将文本转换为曲线，并编辑其形状。

(1) 在打开的绘图文件中，使用【选择】工具选择需要转换为曲线的文本对象。选择【排列】|【转换为曲线】命令，将文本对象转换为曲线，如图 6-58 所示。

新世纪高职高专规划教材

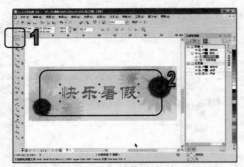

图 6-58　转换为曲线

　　(2) 选择【形状】工具选中文字路径上的节点，并调整路径形状，如图 6-59 所示。

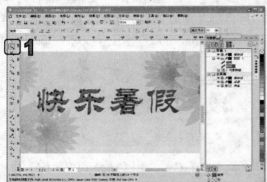
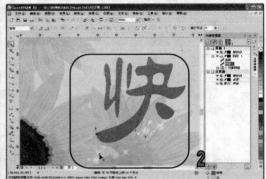

图 6-59　调整绘制文字曲线

6.6　图文混排

　　排版设计中，经常需要对图形图像和文字进行编排。在 CorelDRAW 中，可以使文本沿图形外部边缘形状进行排列。需要注意的是，文本绕图的功能不能应用于美术字文本。如果需要使用该功能，必须先将美术字文本转换为段落文本。

　　如果需要对输入的文本对象实现文本绕图编排效果，可以在所选的图形对象上单击鼠标右键，从弹出的快捷菜单中选择【段落文本换行】命令，然后将段落文本拖动到图形对象上释放，这时段落文本将会自动环绕在图形对象的周围。如果需要改变文本对象和图形对象之间的距离，可以通过【对象属性】泊坞窗中的【常规】选项卡进行精确的参数设置。

　　【例 6-13】在绘图文件中，将图文进行混排。

　　(1) 在打开的绘图文件中，使用【选择】工具选择要在其周围环绕文本的对象，如图 6-60 所示。

　　(2) 选择【窗口】|【泊坞窗】|【属性】命令。单击【对象属性】泊坞窗中的【常规】标签，从【段落文本换行】列表框中选择【正方形—从右向左排列】环绕样式；如果要更改环绕的文本和对象或文本之间的间距大小，更改【文本换行偏移】框中的值为 5mm，如图 6-61 所示。

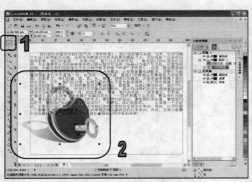
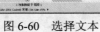

图 6-60　选择文本

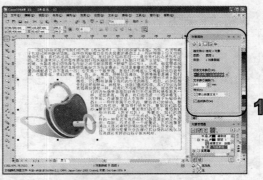

图 6-61　图文混排

6.7　上机实战

本章的上机实战主要练习制作商业吊旗，使用户更好地掌握文本输入、调整的基本操作方法和技巧，以及图形工具的使用方法。

(1) 新建一个空白文档，选择工具箱中的【矩形】工具拖动绘制矩形，并在调色板中单击黄色填充，取消轮廓色，如图 6-62 所示。

(2) 按 Ctrl+Q 键将矩形转换为曲线，并选择【形状】工具，在矩形底边线段中间双击添加节点，然后调整节点位置，如图 6-63 所示。

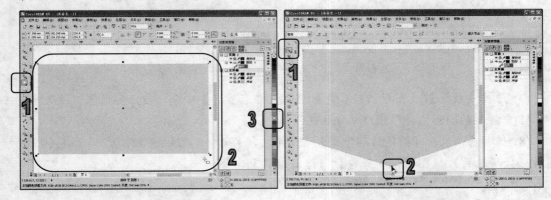

图 6-62　绘制矩形　　　　　　　　　　　　　　图 6-63　调整图形

(3) 选择工具箱中的【星形】工具，在属性栏中设置【点数或边数】数值为 3，【锐度】数值为 1，然后在文档中绘制图形，并将其填充颜色设置为 R=254，G=215，B=0，取消轮廓颜色，如图 6-64 所示。

(4) 选择工具箱中的【自由变换】工具，在属性栏中单击【自由旋转】按钮，再单击【应用到再制】按钮，然后使用【自由变换】工具旋转复制对象，如图 6-65 所示。

新世纪高职高专规划教材

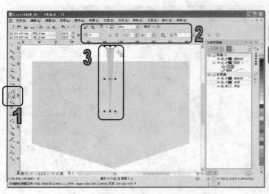

图 6-64　绘制图形

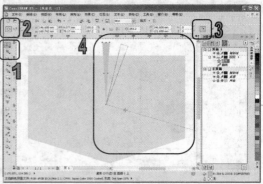

图 6-65　旋转再制

(5) 使用步骤(4)的操作方法，旋转再制图形对象，如图 6-66 所示。

(6) 使用工具箱中的【选择】工具选中全部星形，并按 Ctrl+G 快捷键群组对象，如图 6-67 所示。

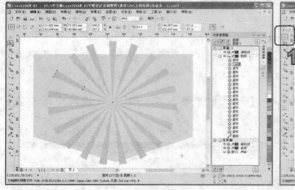

图 6-66　旋转再制　　　　　　　　　　　　　　图 6-67　群组对象

(7) 选择【效果】|【图框精确剪裁】|【放置在容器中】命令，当显示黑色粗箭头时单击步骤(1)中绘制的图形，将群组对象放置在图形中，如图 6-68 所示。

(8) 选择【效果】|【图框精确剪裁】|【编辑内容】命令，放大图形对象，如图 6-69 所示。然后选择【效果】|【图框精确剪裁】|【结束编辑】命令。

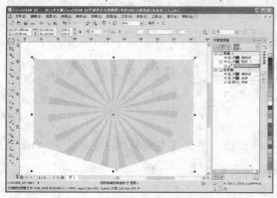

图 6-68　放置在容器中

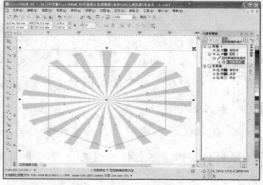

图 6-69　编辑内容

(9) 使用【文本】工具在图形中单击，并在属性栏的【字体列表】中选择方正超粗黑体简，设置【字体大小】为 80pt，然后使用【文本】工具输入文本内容，如图 6-70 所示。

(10) 使用【文本】工具选中"欢庆"，然后单击属性栏中的【字符格式化】按钮，打开【字符格式化】泊坞窗。在泊坞窗的【字体大小】下拉列表中选择 100pt；展开【字符位移】选项，设置【角度】为 5°，如图 6-71 所示。

图 6-70　输入文本

图 6-71　调整文本

(11) 选择【排列】|【转换为曲线】命令将文本转换为曲线，在属性栏中设置【轮廓宽度】为 4mm，并在调色板中单击 R=255、G=0、B=102 的颜色色板填充文字曲线，如图 6-72 所示。

(12) 按 Ctrl+C 键复制文字曲线，按 Ctrl+V 键粘贴，然后在属性栏中设置【轮廓宽度】为 2.5mm，并在调色板中单击 R=0、G=0、B=102 的颜色色板填充文字曲线，如图 6-73 所示。

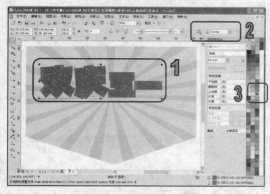

图 6-72　填充颜色

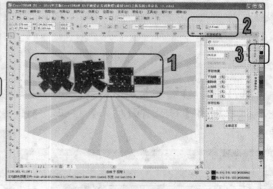

图 6-73　填充颜色

(13) 按 Ctrl+C 键复制文字曲线，按 Ctrl+V 键粘贴，然后在属性栏中设置【轮廓宽度】为 1mm，并在调色板中单击 R=0，G=204，B=255 的颜色色板填充文字曲线，如图 6-74 所示。

(14) 按 Ctrl+C 键复制文字曲线，按 Ctrl+V 键粘贴，然后在属性栏中设置【轮廓宽度】为无，并在调色板中单击白色颜色色板填充文字曲线，如图 6-75 所示。

新世纪高职高专规划教材

图 6-74　填充颜色　　　　　　　　　　　　图 6-75　填充颜色

（15）选择【交互式填充】工具，在属性栏的【填充类型】下拉列表中选择【线性】，设置起始浅色为浅蓝色，然后在文字曲线上拖动，如图 6-76 所示。

（16）按 Ctrl+C 键复制文字曲线，按 Ctrl+V 键粘贴，选择【手绘】工具在文字曲线上方绘制任意图形，如图 6-77 所示。

图 6-76　线性渐变　　　　　　　　　　　　图 6-77　绘制图形

（17）使用【选择】工具，按 Shift 键选中刚绘制的图形和最后粘贴的文字曲线，然后单击属性栏中的【移除前面对象】按钮，修整曲线，如图 6-78 所示。

图 6-78　修整曲线

新世纪高职高专规划教材

(18) 使用【选择】工具，框选全部的文字曲线，然后单击属性栏中的【群组】按钮，并双击文字曲线，将其旋转缩放，如图 6-79 所示。

(19) 使用【钢笔】工具，在文档中绘制多个如图 6-80 所示的图形。

图 6-79 旋转缩放   图 6-80 绘制图形

(20) 使用【选择】工具选中一个图形，然后选择【交互式填充】工具，在属性栏的【填充类型】下拉列表中选择【线性】选项，设置起始颜色为深蓝色、结束颜色为浅蓝色，然后在图形上拖动填充，如图 6-81 所示。

(21) 使用步骤(20)相同的操作方法，为其他图形填充颜色，如图 6-82 所示。

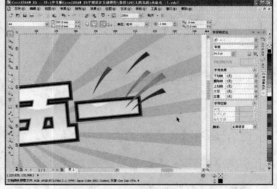

图 6-81 填充颜色   图 6-82 为其他图形填充颜色

(22) 选择工具箱中的【星形】工具，在属性栏中设置【点数或边数】为 8，【锐度】为 53，然后在图像中拖动绘制星形，如图 6-83 所示。

(23) 使用步骤(20)的操作方法，填充图形，如图 6-84 所示。

新世纪高职高专规划教材

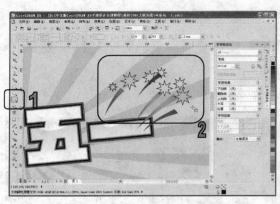

图 6-83　绘制星形

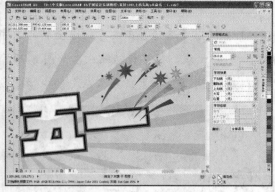

图 6-84　填充颜色

(24) 使用【文本】工具在图形中单击，并在属性栏的【字体列表】中选择方正大黑简体，设置【字体大小】为 72pt，然后使用【文本】工具输入文本内容，如图 6-85 所示。

(25) 使用【文本】工具选中"3"，在【字符格式化】泊坞窗的【字体大小】下拉列表中选择 200pt，在【字符位移】选项下设置【角度】为-15°，如图 6-86 所示。

图 6-85　输入文字

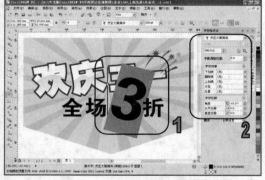

图 6-86　旋转字符

(26) 使用【文本】工具选中"折"，在【字符格式化】的【字体大小】下拉列表中选择 55pt，在【字符位移】选项下设置【垂直位移】为-45%，如图 6-87 所示。

(27) 选择【排列】|【转换为曲线】命令将文本转换为曲线，在属性栏中设置【轮廓宽度】为 3mm，并在调色板中单击 R=0、G=0、B=102 的颜色色板填充文字曲线，如图 6-88 所示。

(28) 按 Ctrl+C 键复制文字曲线，按 Ctrl+V 键粘贴，在属性栏中设置【轮廓宽度】为 1mm，并在调色板中单击 R=255、G=0、B=102 的颜色色板填充文字曲线，如图 6-89 所示。

新世纪高职高专规划教材

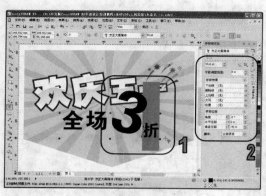

图 6-87　调整文本

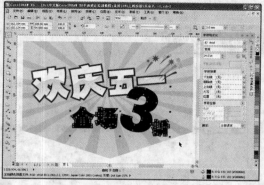

图 6-88　填充文本

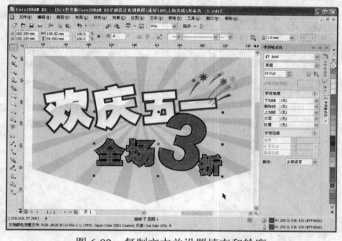

图 6-89　复制文本并设置填充和轮廓

(29) 按 Ctrl+C 键复制文字曲线，按 Ctrl+V 键粘贴，然后在属性栏中设置【轮廓宽度】为无，并在调色板中单击白色颜色色板填充文字曲线，如图 6-90 所示。

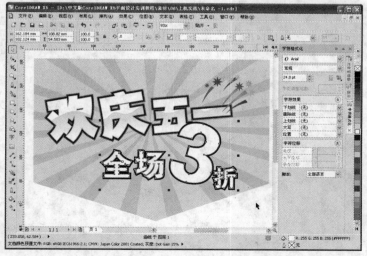

图 6-90　填充复制的文本

6.8 习题

1. 使用图文混排的操作方法，编排如图 6-91 所示的文字效果。
2. 将文字转换为路径，并创建如图 6-92 所示的路径文字编排效果。

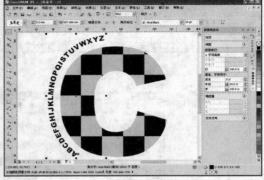

图 6-91 图文混排　　　　　　　　　　　　　图 6-92 编排路径文字

第7章

对象的操作

主要内容　　　在 CorelDRAW X5 中提供了强大的编辑对象功能，用户除了可以进行选择、复制等基本操作外，还可以进行移动、旋转、缩放和镜像对象等变换操作，从而使对象更加符合制作的需要。

本章重点
- ➢ 选择对象
- ➢ 复制对象
- ➢ 变换对象
- ➢ 群组对象
- ➢ 排列对象顺序
- ➢ 对齐与分布对象

7.1　选择对象

对图形对象的选择是编辑图形时最基本的操作。对象的选择可以分为选择单个对象、选择多个对象和选择绘图页中所有对象 3 种。

在 CorelDRAW X5 中，可以选择可见对象、或视图中被其他对象遮挡的对象，以及群组或嵌套群组中的单个对象。此外，还可以按创建顺序选择对象、一次选择所有对象，以及取消选择对象。当对象被选取时，在对象的四周会出现 8 个控制点，中央则会显示中心点，如图 7-1 所示。

- ➢ 选择对象：单击【选择】工具，然后单击一个对象。
- ➢ 选择多个对象：选择工具箱中的【选择】工具，然后按住 Shift 键并单击要选择的每个对象。
- ➢ 选择所有对象：选择菜单栏中的【编辑】|【全选】|【对象】命令。
- ➢ 选择群组中的一个对象：按住 Ctrl 键，单击【选择】工具，然后单击群组中的对象。
- ➢ 选择嵌套群组中的一个对象：按住 Ctrl 键，单击【选择】工具，然后单击对象一次或多次，直到其周围出现选择框。

➤ 选择视图中被其他对象遮掩的对象：按住 Alt 键，单击【选择】工具，然后单击最顶端的对象一次或多次，直到隐藏对象周围出现选择框。

➤ 选择多个隐藏对象：按住 Shift + Alt 键，单击【选择】工具，然后单击最顶端的对象一次或多次，直到隐藏对象周围出现选择框。

➤ 选择群组中的一个隐藏对象：按住 Ctrl 与 Alt 键，单击【选择】工具，然后单击最顶端的对象一次或多次，直到隐藏对象周围出现选择框。

提示

也可以使用【选择】工具在绘图页中单击并拖动，这时会出现一个虚线框，拖动虚线框将所有要选取的对象全部框选，释放鼠标后可以选取全部被框选对象。在框选时，按住 Alt 键，则可以选择所有接触到虚线框的对象，不管该对象是否被全部包围在虚线框内。

图 7-1　选择对象

不对对象进行编辑操作时，可以通过下列操作撤销选取对象。

➤ 撤销选取所有对象时，使用【选择】工具，在绘图窗口内空白处单击，或按 Esc 键。

➤ 在多个选取对象内撤销选取某一对象时，按住 Shift 键不放，并在该对象的填充或外框上的任意处单击。

7.2　复制对象

在 CorelDRAW X5 中，复制对象有多种方法。选取对象后，按下数字键盘上的"+"键，即可快速地复制出一个新对象。

§ 7.2.1　对象基本复制

选择对象后，可以通过复制对象，将其放置到剪贴板上，然后再粘贴到绘图页面或其他应用程序中。

在 CorelDRAW X5 中，可以选择【编辑】|【复制】命令；或右击对象，在弹出的菜单中选择【复制】命令；或按 Ctrl+C 键；或单击工具栏中的【复制】按钮将对象复制到剪贴板中。再选择【编辑】|【粘贴】命令；或右击，在弹出的菜单中选择【粘贴】命令；或按 Ctrl+V 键；或单击工具栏中的【粘贴】按钮将剪贴板中的对象复制粘贴，如图 7-2 所示。

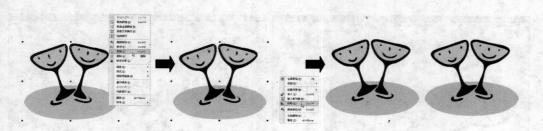

图 7-2　复制对象

技巧

　　使用【选择】工具选择对象后，按下鼠标左键将对象拖动到适当的位置，在释放鼠标左键之前按下鼠标右键，即可将对象复制到该位置。

§ 7.2.2　对象再制

　　对象的再制是指将对象按一定的方式复制为多个对象。再制对象时，可以沿着 X 和 Y 轴指定副本和原始对象之间的偏移距离。

　　在绘图窗口中无任何选取对象的状态下，可以通过属性栏设置来调节默认的再制偏移距离。在属性栏上的【再制距离】数值框中输入 x、y 方向上的偏移值即可。

　　【例 7-1】在绘图文件中，再制选中的对象。

　　(1) 使用【选择】工具选取需要再制的对象，按住鼠标左键拖动一定的距离，然后在释放鼠标左键之前单击鼠标右键，即可在当前位置复制一个副本对象，如图 7-3 所示。

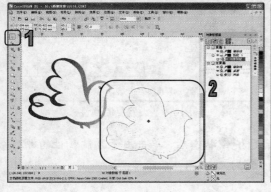

图 7-3　复制对象

　　(2) 在绘图窗口中取消对象的选取，在工具属性栏上设置【再制距离】的 X 值为 0，Y 值为-20，然后选中刚复制的对象，选择菜单栏中的【编辑】|【再制】命令，即可按照刚才指定的距离和角度再制出新的对象，如图 7-4 所示。

新世纪高职高专规划教材

图 7-4　再制对象

§ 7.2.3　复制对象属性

在 CorelDRAW X5 中，复制对象属性是一种比较特殊、重要的复制方法，它可以方便快捷地将指定对象中的轮廓笔、轮廓色、填充和文本属性通过复制的方法应用到所选对象中。

【例 7-2】在绘图文件中，复制选定对象属性。

(1) 使用【选择】工具在绘图文件中选取需要复制属性的对象，如图 7-5 所示。

(2) 选择【编辑】|【复制属性自】命令，打开【复制属性】对话框。在【复制属性】对话框中，选择需要复制的对象属性选项，选中【填充】复选框，如图 7-6 所示。

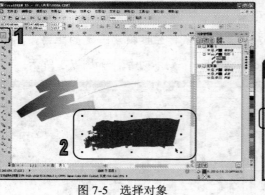

图 7-5　选择对象

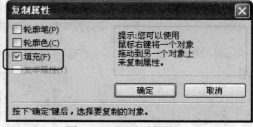

图 7-6　设置复制属性

(3) 单击对话框中的【确定】按钮，当光标变为 ➡ 状态后，单击用于复制属性的源对象，即可将该对象的属性按照设置复制到所选择的对象上，如图 7-7 所示。

✿ **技巧**

用鼠标右键按住一个对象不放，将对象拖动至另一对象上后，释放鼠标，在弹出的命令菜单中选择【复制填充】、【复制轮廓】或【复制所有属性】选项，即可将源对象中的填充、轮廓或所有属性复制到所选对象上。

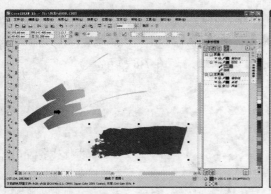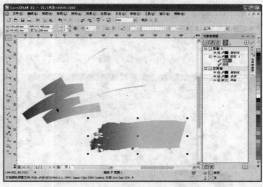

图 7-7　复制对象属性

7.3　变换对象

对图形对象的移动、缩放、比例、倾斜、旋转和镜像等操作是在绘图编辑中经常需要使用的处理操作。

选择【排列】|【变换】命令，在展开的子菜单中选择任一项命令，即可打开【变换】泊坞窗。通过【变换】泊坞窗可以对所选对象进行移动、旋转、缩放、镜像等精确的变换设置。另外，在【变换】泊坞窗中还可在变换对象的同时，将设置应用于再制的对象，而原对象保持不变。

§ 7.3.1　移动对象

使用【选择】工具选择需要移动的对象，然后在对象上按下鼠标左键并拖动，即可任意移动对象的位置。

如果要精确移动对象的位置，可在选取对象后，使用属性栏快速地将对象移动到指定的位置。只需在 X 和 Y 数值框中键入数值确定对象的新位置，即相对于标尺原点的坐标。其中正值表示对象向上或向右移动，负值表示对象向下或向左移动。

还可以选择【窗口】|【泊坞窗】|【变换】|【位置】命令，在【变换】泊坞窗中分别输入新的【水平】和【垂直】值。默认情况下，对象在定位时基于中心点移动，因此对象的中心将移动到指定的标尺坐标处，但用户可以使用【变换】泊坞窗指定新的中心点。

技巧

使用键盘上的方向箭头可以任意方向微调对象。默认时，对象以 0.1mm 的增量移动。用户也可以通过【选项】对话框中的【文档】列表下的【标尺】选项来修改增量。

新世纪高职高专规划教材

【例7-3】在绘图文件中，使用泊坞窗移动并复制对象。

(1) 使用【选择】工具选择需要移动的对象，然后选择【排列】|【变换】|【位置】命令，打开【变换】泊坞窗，此时泊坞窗显示为【位置】选项组，如图7-8所示。

图7-8 选择对象并打开泊坞窗

(2) 在泊坞窗中选中【相对位置】复选框，并选择对象移动的相对位置，然后在 H 数值框中输入70；输入对象移动后的目标位置参数后，单击【应用】按钮，可保留原来的对象不变，将设置应用到复制的对象上，如图7-9所示。

图7-9 移动并复制对象

§ 7.3.2 旋转对象

在 CorelDRAW 中，可以自由旋转对象角度，也可以让对象按照指定的角度进行旋转。使用【选择】工具，可以通过拖动旋转控制柄交互式旋转对象。使用【选择】工具双击对象，对象的旋转和倾斜控制柄会显示出来，选取框的中心出现一个旋转中心标记。拖动任意一个旋转控制柄以顺时针或逆时针方向旋转对象，在旋转时分别按住 Alt 或 Shift 键可以同时使对象倾斜或调整对象大小，如图7-10所示。

要精确旋转对象，也可以在选择所需要旋转的对象后，在属性栏的【旋转角度】数值框中，对旋转的角度进行设置。

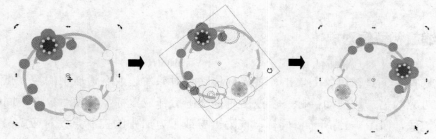

图 7-10 旋转对象

用户还可以在【变换】泊坞窗中按照指定的数值快速旋转对象。要使对象绕着任意的选定控制柄旋转，可以使用【变换】泊坞窗修改旋转中心。旋转对象时，正数值可以使对象从当前位置逆时针旋转，负数值则顺时针旋转。

【例 7-4】在绘图文件中，使用泊坞窗旋转对象。

(1) 选择【选择】工具选定对象。选择【排列】|【变换】|【旋转】命令，打开【变换】泊坞窗。在打开的【变换】泊坞窗中，单击【旋转】按钮，将泊坞窗切换到【旋转】选项组，如图 7-11 所示。

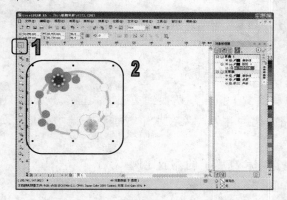
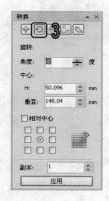

图 7-11 选择对象并打开泊坞窗

(2) 设置旋转中心点的位置，设置旋转角度 180°，选中【相对中心】复选框，设置 H 数值为-50mm，然后单击【应用】按钮，即可按照所设置的参数完成对象的旋转操作，如图 7-12 所示。

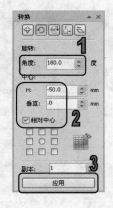
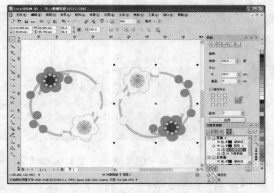

图 7-12 旋转对象

§ 7.3.3 缩放和镜像对象

使用【选择】工具在对象上单击，将光标移动到对象左边或右边居中的控制点上，按下鼠标左键向对应的另一边拖动鼠标，当拖出对象范围后释放鼠标，可使对象按不同的宽度比例进行水平镜像，如图 7-13 所示；同样，拖动上方或下方居中的控制点到对应的另一边，当拖出对象范围后释放鼠标，可使对象按不同的高度比例垂直镜像。在拖动鼠标时按住 Ctrl 键，可使对象在保持长宽比例不变的情况下水平或垂直镜像，在释放鼠标之前按下鼠标右键，可在镜像对象的同时复制对象。

图 7-13 水平镜像对象

在【变换】泊坞窗中单击【缩放和镜像】按钮，切换到【缩放和镜像】选项设置。在该选项区域中，用户可以调整对象的缩放比例并使对象在水平或垂直方向上镜像，如图 7-14所示。

➢ 【缩放】：用于调整对象在宽度和高度上的缩放比例。

➢ 【镜像】：使对象在水平或垂直方向上翻转。

➢ 【按比例】：选中该复选框，在调整对象的比例时，对象将按长宽比例缩放。

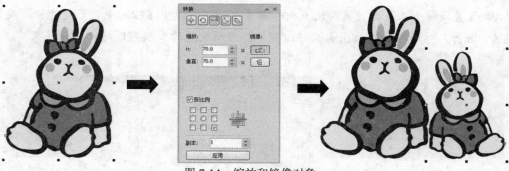

图 7-14 缩放和镜像对象

技巧

用户还可以通过调整属性栏中的【缩放因子】值来调整对象的缩放比例。单击属性栏中的【水平镜像】按钮和【垂直镜像】按钮，也可以使对象水平或垂直镜像。

§7.3.4 改变对象的大小

使用【选择】工具在对象上单击选择对象，然后使用鼠标左键拖动对象四周任意一个角的控制点，即可调整对象的大小，如图 7-15 所示。

图 7-15 改变对象大小

除了可以使用【选择】工具拖动控制点的方法调整对象的大小外，通过设置属性栏的【对象大小】数值框中的数值可以精确地设置对象的大小；还可以通过【变换】泊坞窗中的【大小】选项，对图形的大小进行精确调整。

【例 7-5】在绘图文件中，使用泊坞窗改变对象大小。

(1) 选择需要调整大小的对象，单击【变换】泊坞窗中的【大小】按钮，切换至【大小】选项组，如图 7-16 所示。

图 7-16 选择对象并打开泊坞窗

(2) 在 H 数值框中设置数值为 50mm，并选择对象缩放的相对位置，设置【副本】数值为 1，完成后单击【应用】按钮，即可调整对象的大小，如图 7-17 所示。

图 7-17　缩放并复制对象

提示

　　使用【选择】工具选取对象后，在按住 Shift 键的同时拖动对象四角的控制点，可使对象按中心点位置等比例缩放；按住 Ctrl 键的同时拖动四角的控制点，可按原始大小的倍数来等比例缩放对象；按住 Alt 键的同时拖动四角的控制点，可按任意长宽比例缩放对象。

§ 7.3.5　倾斜对象

　　在 CorelDRAW 中，可以沿水平和垂直方向倾斜对象。用户不仅可以使用工具倾斜对象，还可以指定度数来精确倾斜对象。

　　使用【选择】工具双击对象，对象的旋转和倾斜控制柄会显示出来，其中双向箭头显示的是倾斜控制手柄。当光标移动到倾斜控制柄上时，光标则会变成倾斜标志。使用鼠标拖动倾斜控制柄可以交互地倾斜对象；也可以在拖动时按住 Alt 键，同时沿水平和垂直方向倾斜对象；还可以在拖动时按住 Ctrl 键以限制对象的移动，如图 7-18 所示。

　　用户也可以使用【变换】泊坞窗中的【倾斜】选项，精确地对图形的倾斜度进行设置。倾斜对象的操作方法与旋转对象基本相似。

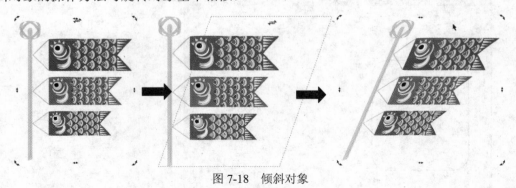

图 7-18　倾斜对象

7.4　控制对象

　　在绘图过程中，为了便于操作经常需要对对象进行相应的控制操作，如使对象群组或结合、解散对象的群组或打散对象、调整对象的叠放顺序等。另外，有时还需要将编辑好的对象进行锁定，使其不受其他编辑操作的影响。掌握这些控制对象的方法，可以帮助用户更好、更高效地完成绘图操作。

§ 7.4.1 锁定、解锁对象

锁定对象可以防止在绘图过程中无意中移动、调整大小、变换、填充或以其他方式更改对象。在 CorelDRAW 中，可以锁定单个、多个或分组的对象。如果要修改锁定的对象，需要先解除锁定状态。用户可以一次解除锁定一个对象，或者同时解除对所有锁定对象的锁定。

如果需要锁定对象，先使用【选择】工具选择对象，然后选择【排列】|【锁定对象】命令。也可以在选定对象上右击，在弹出的菜单中选择【锁定对象】命令，把选定的对象固定在特定的位置上，以确保对象的属性不被更改，如图 7-19 所示。当对象被锁定在绘图页中后，无法进行对象的移动、调整大小、变换、克隆、填充或修改。锁定对象不适用于控制某些对象，如混合对象、嵌合于某个路径的文本和对象、含立体模型的对象、含轮廓线效果的对象，以及含阴影效果的对象等。

图 7-19　锁定对象

在锁定对象后，就不能对该对象进行任何的编辑。如果要继续编辑对象，就必须解除对象的锁定。如果要解锁对象，使用【选择】工具选择锁定的对象，然后选择【排列】|【解除锁定对象】命令即可。也可以在选定对象上右击，在弹出的菜单中选择【解除锁定对象】命令，如图 7-20 所示。如果要解锁多个对象或对象群组，则使用【选择】工具选择锁定的对象，然后选择【排列】|【解除锁定全部对象】命令。

图 7-20　解除锁定对象

§ 7.4.2 群组对象和取消群组

在进行较为复杂的绘图编辑时，为了方便操作，可以对一些对象进行群组。群组以后的多个对象，将被作为一个单独的对象进行处理。

如果要群组对象，首先使用【选择】工具选取对象，然后选择【排列】|【群组】命令；或在工具属性栏上单击【群组】按钮；或在选定对象上右击，在弹出的菜单中选择【群组】命令。用户还可以从不同的图层中选择对象，并群组对象。群组后，选择的对象将位于同一图层中，如图 7-21 所示。

图 7-21　群组对象

如果要将嵌套群组变为原始对象状态，则可以选择【排列】|【取消群组】或【取消全部群组】命令；或在工具属性栏上单击【取消群组】或【取消全部群组】按钮；或在选定对象上右击，在弹出的菜单中选择【取消群组】或【取消全部群组】命令，如图 7-22 所示。

图 7-22　取消群组

§7.4.3　合并与拆分对象

合并对象与群组对象不同，使用【合并】命令可以将选定的多个对象合并为一个对象。群组时，选定的对象保持它们群组前的各自属性；而使用合并命令后，各对象将合并为一个对象，并具有相同的填充和轮廓。当应用【合并】命令后，对象重叠的区域会变为透明，其下的对象可见。

如果要合并对象，先使用【选择】工具选取对象，然后选择菜单栏中的【排列】|【合并】命令；或单击工具属性栏中【合并】按钮；或在选定对象上右击，在弹出的菜单中选择【合并】命令，如图 7-23 所示。

新世纪高职高专规划教材

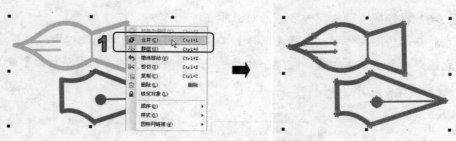

图 7-23 合并

 提示

　　合并后的对象属性和选取对象的先后顺序有关,如果采用点选的方式选择所要结合的对象,则结合后的对象属性与后选择的对象属性保持一致。如果采用框选的方式选取所要结合的对象,则结合后的对象属性会与位于最下层的对象属性保持一致。

　　结合对象后,可以通过【拆分曲线】命令,取消合并,将合并的对象分离成结合前的各个独立对象。在选中合并对象后,选择菜单栏中的【排列】|【拆分曲线】命令;或在选定对象上右击,在弹出的菜单中选择【拆分曲线】命令;或按下 Ctrl+K 快捷键;或单击属性栏中的【拆分】按钮即可。

§ 7.4.4 排列对象顺序

　　在 CorelDRAW 中,新创建的对象会被排列在原对象前,即最上层。绘图页中对象的前后排列顺序是按照用户绘制图形对象的先后所决定的,用户可以通过菜单栏中的【排列】|【顺序】命令中的相关命令,调整所选对象的前后排列顺序。也可以在选定对象上右击,在弹出的菜单中选择【顺序】命令。

> 【到页面前面】：将选定对象移到页面上所有其他对象的前面。
> 【到页面后面】：将选定对象移到页面上所有其他对象的后面。
> 【到图层前面】：将选定对象移到活动图层上所有其他对象的前面。
> 【到图层后面】：将选定对象移到活动图层上所有其他对象的后面。
> 【向前一层】：将选定的对象向前移动一个位置。如果选定对象位于活动图层上所有其他对象的前面,则将移到图层的上方。
> 【向后一层】：将选定对象向后移动一个位置。如果选定对象位于所选图层上所有其他对象的后面,则将移到图层的下方。
> 【置于此对象前】：将选定对象移到绘图窗口中选定对象的前面。
> 【置于此对象后】：将选定对象移到绘图窗口中选定对象的后面。
> 【逆序】：将选定对象进行反向排序。

新世纪高职高专规划教材

【例 7-6】在绘图文件中，改变图形对象顺序。

(1) 在打开的绘图文件中，选择【选择】工具选定需要排列顺序的对象。

(2) 在选定对象上单击右键，在弹出的菜单中选择【顺序】|【到图层前面】命令，即可重新排列对象顺序，如图 7-24 所示。

图 7-24　排列对象

7.5　对齐与分布对象

在 CorelDRAW 中，可以准确地排列、对齐对象，以及使各个对象按一定的方式进行分布。选择需要对齐的所有对象以后，选择【排列】|【对齐和分布】命令，然后在展开的子菜单中选择相应的命令，即可使所选对象按一定的方式对齐和分布。

§ 7.5.1　对齐对象

选择需要对齐的所有对象，选择【排列】|【对齐和分布】|【对齐和分布】命令、或单击属性栏中的【对齐与分布】按钮，打开如图 7-25 所示的【对齐和分布】对话框。使用【对齐与分布】对话框，可以将选择的多个对象，以最后选中的对象为基准按选中的排列方式进行对齐。

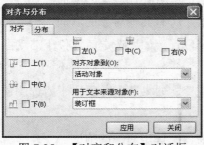

图 7-25　【对齐和分布】对话框

> **提示**
>
> 如果要对齐文本对象，在【用于文本来源对象】下拉列表中选择某一选项：【第一条线的基线】选项使用文本第一条线的基线作为参照点；【最后一条线的基线】选项使用文本最后一条线的基线作为参照点；【装订框】选项使用文本对象的边框作为参照点。

在【对齐】选项卡中，选中【左】、【中】或【右】复选框可沿垂直轴对齐对象；选中【上】、【中】或【下】复选框可沿水平轴对齐对象。

如果用户想以活动对象、页边、页面中心、网格或指定点等方式作为对齐的基准，那么可以在【对齐对象到】下拉列表中进行选择。

§ 7.5.2 分布对象

用户在工作区绘制图形或编排图文对象时，有时需要以等间隔放置图文对象，这时可以使用 CorelDRAW 中的分布对象功能，将多个对象以相等的距离间隔，使对象在页面中均匀分布。使用【对齐与分布】对话框中的【分布】选项卡，如图 7-26 所示，可以在工作区的水平和垂直方向上均匀分布所选择的多个对象。

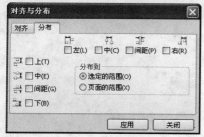

图 7-26 【分布】选项卡

> **提示**
>
> 选中对话框中的【选定的范围】选项，可在环绕对象的边框区域内分布对象。选中【页面的范围】选项，可在绘图页面上分布对象。

要水平分布对象，可以从右上方的行中选择某一选项。

➤ 【左】选项：平均设定对象左边缘之间的间距。

➤ 【中】选项：平均设定对象中心点之间的间距。

➤ 【间距】选项：将选定对象之间的间隔设为相同距离。

➤ 【右】选项：平均设定对象右边缘之间的间距。

要垂直分布对象，可以从左侧的列中选择某一选项。

➤ 【上】选项：平均设定对象上边缘之间的间距。

➤ 【中】选项：平均设定对象中心点之间的间距。

➤ 【间距】选项：将选定对象之间的间隔设为相同距离。

➤ 【下】选项：平均设定对象下边缘之间的间距。

【例 7-7】在绘图文件中，排列分布对象。

(1) 使用【选择】工具选择需要对齐的所有对象，如图 7-27 所示。

(2) 单击属性栏中的【对齐与分布】按钮，在打开的【对齐与分布】对话框中，选中水水平方向上的【中】复选框，然后单击【应用】按钮，如图 7-28 所示。

(3) 在【对齐与分布】对话框，单击【分布】标签。在【分布】选项卡的【分布到】选项区中选择【页面的范围】单选按钮，并选中垂直方向上的【间距】复选框，然后单击【应用】按钮，再单击【关闭】按钮关闭【对齐与分布】对话框，如图 7-29 所示。

新世纪高职高专规划教材

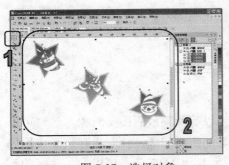

图 7-27　选择对象

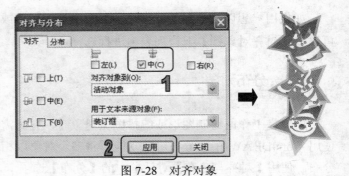

图 7-28　对齐对象

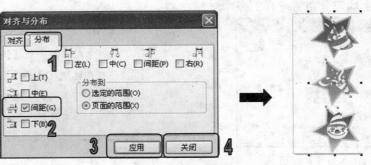

图 7-29　分布对象

7.6　上机实战

本章的上机实战主要练习制作标贴，使用户更好地掌握对象选择、变换、复制等基本操作方法和技巧。

(1) 新建空白文档，选择工具箱中的【星形】工具，在属性栏中设置【点数或边数】数值为 30，【锐度】数值为 13，然后在文档中按住 Ctrl 键拖动绘制，如图 7-30 所示。

(2) 选择【窗口】|【变换】|【比例】命令，打开【变换】泊坞窗，设置 H 和【垂直】数值为 97%，然后单击【应用】按钮，如图所 7-31 示。

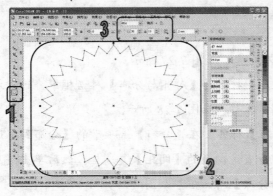

图 7-30　绘制图形

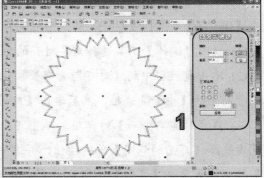

图 7-31　缩小并复制图形

(3) 使用【选择】工具选中步骤(1)中绘制的图形，然后在调色板中选中 R=153、G=0、B=0 的颜色色板填充图形和轮廓颜色，如图 7-32 所示。

(4) 使用【选择】工具选中步骤(2)中创建的图形，选择【交互式填充】工具，在属性栏的【填充类型】下拉列表中选择【辐射】选项，然后设置起始颜色和终止颜色填充对象，如图 7-33 所示。

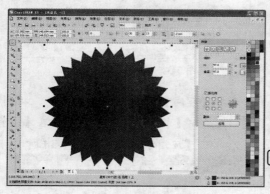

图 7-32 填充图形 1

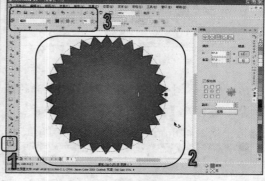

图 7-33 填充图形 2

(5) 选择【文本】工具在图形中单击，在属性栏中设置字体为 Arial Black，字体大小为 72pt，单击【文本对齐】按钮，在弹出的下拉列表中选择【强制调整】，然后使用【文本】工具输入文字内容，如图 7-34 所示。

(6) 使用【选择】工具选中下排文字的字符节点，然后按住 Shift 键向上移动，如图 7-35 所示。

图 7-34 输入文本

图 7-35 调整文本位置

(7) 使用【选择】工具选中文本，然后在调色板中选中 R=153、G=0、B=0 的颜色色板填充文本，如图 7-36 所示。

(8) 按 Ctrl+C 键复制文字，按 Ctrl+V 键粘贴，并在调色板中单击白色颜色色板填充文本，如图 7-37 所示。

新世纪高职高专规划教材

图 7-36　填充文本　　　　　　　　　　　图 7-37　复制并填充文本

(9) 在文本对象上右击鼠标，在弹出的菜单中选择【顺序】|【向后一层】命令，排列文本对象。再打开【变换】泊坞窗，单击【位置】按钮，选中【相对位置】复选框，在【垂直】数值框中输入-0.8mm，设置【副本】数值为 0，然后单击【应用】按钮，如图 7-38 所示。

图 7-38　排列并移动文本

(10) 按 Ctrl+C 键复制文字，按 Ctrl+V 键粘贴，并在调色板中单击 R=68、G=0、B=34 颜色色板填充文本，如图 7-39 所示。

(11) 在文本对象上右击鼠标，在弹出的菜单中选择【顺序】|【向后一层】命令，排列文本对象，然后使用键盘上的方向键微调文字对象位置，如图 7-40 所示。

图 7-39　复制并填充文本　　　　　　　　　图 7-40　排列并移动文本

新世纪高职高专规划教材

(12) 使用【选择】工具框选全部文字对象，然后按 Ctrl+G 键进行群组。选择【文本】工具在图形上单击，在属性栏中设置字体为 Arial Black，字体大小为 120pt，然后使用【文本】工具输入文字内容，如图 7-41 所示。

图 7-41　输入文本

(13) 使用【文本】工具选中文字内容，打开【字符格式化】泊坞窗。在泊坞窗中设置字体大小为 90pt；展开【字符效果】选项，设置【下划线】为【单粗】，【位置】为【上标】，如图 7-42 所示。

(14) 选择【选择】工具选中文本，移动并放大文字，然后单击调色板中的白色填充文本，如图 7-43 所示。

图 7-42　调整文本　　　　　　　　　　图 7-43　移动放大

(15) 使用【选择】工具选中最先绘制的星形图形，按 Ctrl+C 键复制，按 Ctrl+V 键粘贴，并使用【钢笔】工具绘制图形。按 Shift 键选中刚绘制的图形和复制的图形，然后单击属性栏中的【移除前面对象】按钮，修整曲线，如图 7-44 所示。

(16) 在调色板中单击白色填充修整后的图形，然后选择工具箱中的【透明度】工具，在属性栏的【透明度类型】下拉列表中选择【线性】选项，然后在图形上拖动，创建透明效果，如图 7-45 所示。

新世纪高职高专规划教材

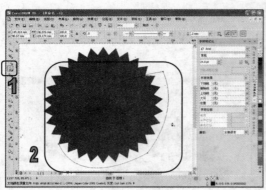

图 7-44　修整图形

图 7-45　创建透明效果

7.7　习题

1. 在绘图文件中，制作如图 7-46 所示的图形对象。
2. 在绘图文件中，制作如图 7-47 所示的图形对象。

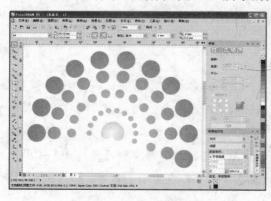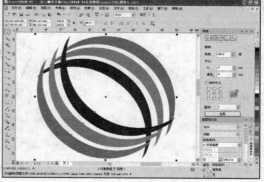

图 7-46　绘制图形 1　　　　　　　　　　　图 7-47　绘制图形 2

第8章

特 殊 效 果

主要内容　　通过使用 CorelDRAW X5 中提供的多种特殊效果工具，用户可以创建出调和、轮廓图、变形、封套、立体化、阴影、透明效果等。掌握这些特殊效果工具的使用方法，可以创建出更多造型，丰富版面的视觉效果。

本章重点
- ➤ 调和效果
- ➤ 轮廓图效果
- ➤ 变形效果
- ➤ 透明效果
- ➤ 立体化效果
- ➤ 阴影效果

8.1 调和效果

　　【调和】工具是 CorelDRAW 中用途最广泛的工具之一。利用该工具可以定义对象形状和阴影的混合、增加文字图片效果等。调和工具应用于两个对象之间，经过中间形状和颜色的渐变合并两个对象，创建混合效果。当两个对象进行混合时，是沿着两个对象间的路径，以一连串连接图形，在两个对象之间创建渐变进行变化的。这些中间生成的对象会在两个原始对象的形状和颜色之间产生平滑渐变的效果。

§ 8.1.1　创建调和效果

　　在 CorelDRAW 中，可以创建两个或多个对象之间形状和颜色的调和效果。在应用调和效果时，对象的填充方式、排列顺序和外形轮廓等都会直接影响调和效果。要创建调和效果，先在工具箱中选择【调和】工具，然后单击第一个对象，并按住鼠标拖动到第二个对象上后，释放鼠标即可创建调和效果。

　　【例 8-1】使用【交互式调和】工具，在对象之间创建调和效果。

（1）选择工具箱中的【贝塞尔】工具，绘制曲线，并设置其轮廓颜色，宽度为 1.5mm，如图 8-1 所示。

（2）使用【选择】工具选中两条曲线，再在工具箱中选择【调和】工具，并在属性栏的【调和对象】数值框中设置数值为 20。然后在起始对象上按下鼠标左键不放，向另一个对象拖动鼠标，释放鼠标即可创建调和，如图 8-2 所示。

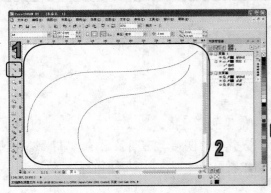
图 8-1　绘制曲线

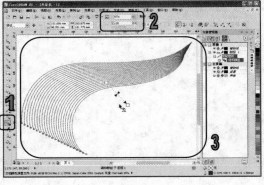
图 8-2　创建调和

技巧

使用【调和】工具，从一个对象拖动到另一调和对象的起始对象或结束对象上，即可创建复合调和。

§ 8.1.2　控制调和效果

创建对象之间的调和效果后，除了可以通过光标调整调和效果的控件操作外，也可以通过设置【调和】工具属性栏中相关参数选项来实现，如图 8-3 所示。在该工具属性栏中，各主要参数选项的作用如下。

图 8-3　【交互式调和】工具属性栏

➤ 【预设列表】：在该选项下拉列表中提供了调和预设样式，如图 8-4 所示。

➤ 【步长或调和形状之间的偏移量】：用于设置调和效果中的调和步数或形状之间的偏移距离，如图 8-5 所示。

图 8-4　预设列表　　　　　　　　　　图 8-5　设置步长

➤ 【调和方向】：用于设置调和效果的角度，如图 8-6 所示。

> 　　【环绕调和】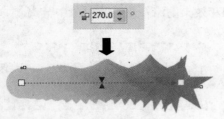：按调和方向在对象之间产生环绕式的调和效果，该按钮只有在为
> 调和对象设置了调和方向后才能使用，如图 8-7 所示。

图 8-6　调和方向 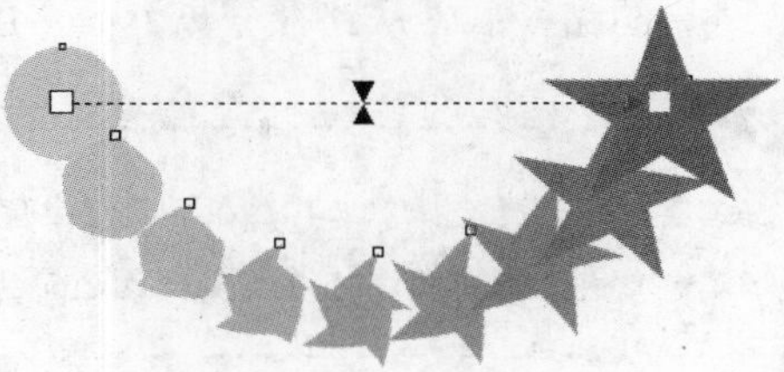　　　　　　　　　　　　图 8-7　环绕调和

> 　　【直接调和】：直接在所选对象的填充颜色之间进行颜色过渡。
> 　　【顺时针调和】：使对象上的填充颜色按色轮盘中顺时针方向进行颜色过渡，如
> 图 8-8 所示。
> 　　【逆时针调和】：使对象上的填充颜色按色轮盘中逆时针方向进行颜色过渡，如
> 图 8-9 所示。

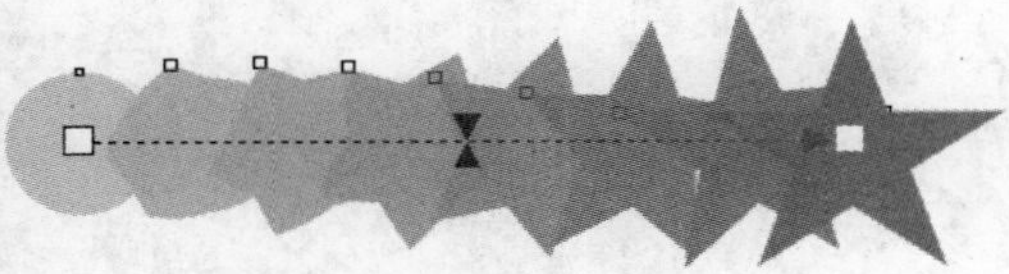

图 8-8　顺时针调和 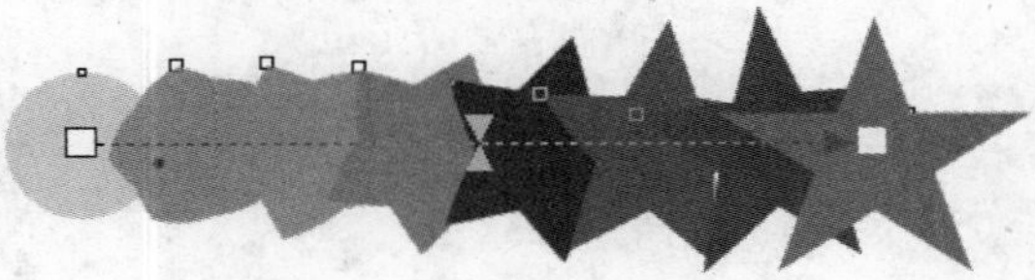　　　　　　　　　　　图 8-9　逆时针调和

> 　　【对象和颜色加速】：单击该按钮，弹出【加速】选项，拖动【对象】和【颜色】
> 滑块可调整形状和颜色上的加速效果，如图 8-10 所示。

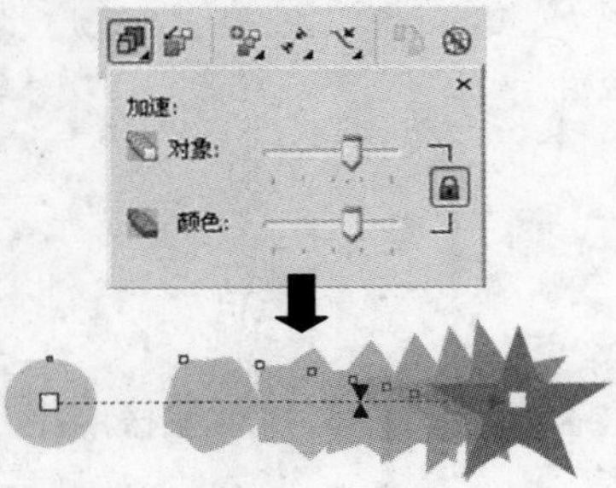

图 8-10　对象和颜色加速

技巧

单击【加速】选项中的呈锁定状态时，表示【对象】和【颜色】同时加速。再次弹击该按钮，将其解锁后，可以分别对【对象】和【颜色】进行设置。

> 　　【调整加速大小】：单击该按钮，可按照均匀递增式改变加速设置效果。
> 　　【起始和结束对象属性】：用于重新设置应用调和效果的起始端和末端对象。在
> 绘图窗口中重新绘制一个用于应用调和效果的图形，将其填充为所需的颜色并取消
> 外部轮廓；选择调和对象后，单击【起始和结束对象属性】按钮，在弹出式选项中
> 选择【新终点】命令，此时光标变为状态；在新绘制的图形对象上单击鼠标左键，
> 即可重新设置调和的末端对象。
> 　　【路径属性】：单击该按钮，可以打开该选项菜单，其中包括【新路径】、【显

示路径】和【从路径分离】3 个命令。【新路径】命令用于重新选择调和效果的路径，从而改变调和效果中过渡对象的排列形状；【显示路径】命令用于显示调和效果的路径；【从路径分离】命令用于将调和效果的路径从过渡对象中分离。

技巧

将工具切换到【选择】工具，在页面空白位置单击，取消所有对象的选取状态，再拖动调和效果中的起始端对象或末端对象，可以改变对象之间的调和效果。

用户还可以通过【调和】泊坞窗调整创建的调和效果。先选择绘图窗口中应用调和效果的对象，再选择菜单栏中的【效果】|【调和】命令，打开【调和】泊坞窗。在该泊坞窗中分别单击各个标签，可以打开相应的选项卡，通过设置调整调和效果，如图 8-11 所示。

图 8-11　【调和】泊坞窗

§ 8.1.3　沿路径调和

在对象之间创建调和效果后，可以通过【路径属性】功能，使调和对象按照指定的路径进行调和。

使用【调和】工具在两个对象间创建调和后，单击属性栏上的【路径属性】按钮，在弹出的下拉列表中选择【新路径】选项。当光标变为黑色曲线箭头 后，使用曲线箭头单击要适合调和的曲线路径，即可将调和对象按照指定的路径进行调和，如图 8-12 所示。

技巧

选择调和对象后，选择【排列】|【顺序】|【反转顺序】命令，可以反转对象的调和顺序。

图 8-12　沿路径调和

技巧

　　在工具箱中选择【调和】工具，并使用工具选择第一个对象；然后按住 Alt 键，拖动鼠标以绘制到第二个对象的线条；在第二个对象上释放鼠标，即可沿手绘路径调和对象。如图 8-13 所示。

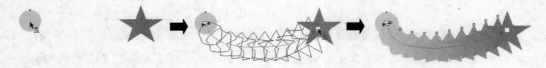

图 8-13　沿手绘路径调和

§ 8.1.4　复制调和属性

　　当绘图窗口中有两个或两个以上的调和对象时，使用【复制调和属性】功能，可以将其中一个调和对象的属性复制到另一个调和对象中，得到具有相同属性的调和效果。

　　选择需要修改调和属性的目标对象，单击属性栏中的【复制调和属性】按钮，当光标变为黑色箭头形状时单击用于复制调和属性的源对象，即可将源对象中的调和属性复制到目标对象中，如图 8-14 所示。

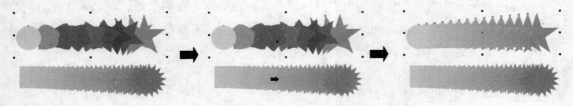

图 8-14　复制调和属性

§ 8.1.5　拆分调和对象

　　应用调和效果后的对象，可以通过菜单命令将其分离为相互独立的个体。要分离调和对象，可以在选择调和对象后，选择【排列】|【打散调和群组】命令或按 Ctrl+K 键拆分群组对象。分离后的各个独立对象仍保持分离前的状态。

新世纪高职高专规划教材

调和对象被分离后，之前用于创建调和效果的起始和末端对象都可以被单独选取，而位于两者之间的其他图形将以群组的方式组合在一起，按 Ctrl+U 键即可以解散群组，进行下一步操作，如图 8-15 所示。

图 8-15　拆分调和对象

§ 8.1.6　清除调和效果

为对象应用调和效果后，如果不需要再使用此种效果，可以清除对象的调和效果，只保留起始和末端对象。选择调和对象后，要清除调和效果只需选择【效果】|【清除调和】命令，或单击【清除调和】按钮⊛即可，如图 8-16 所示。

图 8-16　清除调和效果

8.2 轮廓图效果

轮廓图效果是由对象的轮廓向内或向外放射而形成的同心图形效果。在 CorelDRAW X5 中，用户可通过向中心、向内和向外 3 种方向创建轮廓图，不同的方向产生的轮廓图效果也会不同。轮廓图效果可以应用于图形或文本对象。

§ 8.2.1　创建轮廓图

和创建调和效果不同，轮廓图效果只需在一个图形对象上即可完成。使用【轮廓图】工具可以在选择对象的内外边框中添加等距轮廓线，轮廓线与原来对象的轮廓形状保持一致。创建对象的轮廓图效果后，除了可以通过光标调整轮廓图效果的控件操作外，也可以通过设置如图 8-17 所示的【轮廓图】工具属性栏中的相关参数选项实现。

图 8-17　【轮廓图】工具属性栏

➢ 【预设列表】：在下拉列表中可以选择预设的轮廓图样式。

> ➤ 【到中心】▣：单击该按钮，调整为由图形边缘向中心放射的轮廓图效果。将轮廓
> 图设置为该方向后，将不能设置轮廓图步数，轮廓图步数将根据所设置的轮廓图偏
> 移量自动进行调整。

> ➤ 【内部轮廓】▣：单击该按钮，调整为向对象内部放射的轮廓图效果。选择该轮廓
> 图方向后，可以在后面的【轮廓图步长】数值框中设置轮廓图的发射数量。

> ➤ 【外部轮廓】▣：单击该按钮，调整为向对象外部放射的轮廓图效果。用户同样也
> 可对其设置轮廓图的步数。

> ➤ 【轮廓图步长】：在其数值框中输入数值可决定轮廓图的发射数量。

> ➤ 【轮廓图偏移】：可设置轮廓图效果中各步数之间的距离。

> ➤ 【线性轮廓图色】▣：直线形轮廓图颜色填充，使用直线颜色渐变的方式填充轮廓
> 图的颜色。

> ➤ 【顺时针轮廓色】▣：顺时针轮廓图颜色填充，使用色轮盘中顺时针方向填充轮廓
> 图的颜色。

> ➤ 【逆时针轮廓色】▣：逆时针轮廓图颜色填充，使用色轮盘中逆时针方向填充轮廓
> 图的颜色。

> ➤ 【轮廓色】：改变轮廓图效果中最后一轮轮廓图的填充颜色，同时过渡的填充色也
> 将随之发生变化。

> ➤ 【填充色】：改变轮廓图效果中最后一轮轮廓图的填充颜色，同时过渡的填充色也
> 将随之发生变化。

【例 8-2】在绘图文件中，创建轮廓图效果。

(1) 选择工具箱中的【基本形状】工具，在工具属性栏中单击【完美形状】选取器选择
一种形状工具，设置【轮廓宽度】数值为 2pt，在页面中绘制形状，然后在调色板中设置形
状的填充和轮廓颜色，如图 8-18 所示。

(2) 选择【轮廓图】工具，当光标变为 ▶▣ 状态时在图形上按下鼠标左键并向对象中心拖
动鼠标，释放鼠标，即可创建出由图形边缘向中心放射的轮廓图效果，如图 8-19 所示。

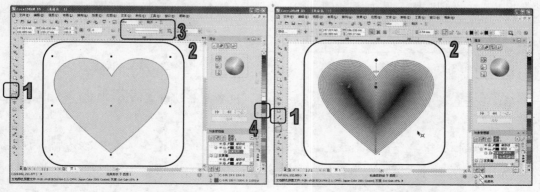

图 8-18　绘制图形　　　　　　　　　图 8-19　创建轮廓图

新世纪高职高专规划教材

（3）在属性栏中设置【轮廓图偏移】数值为 4mm，单击【轮廓色】下拉按钮，在弹出的颜色选取器中选择所需的颜色，如图 8-20 所示。

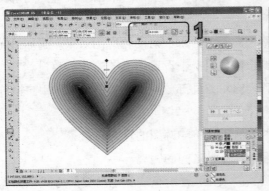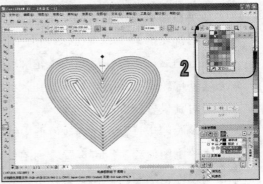

图 8-20　设置轮廓图

§ 8.2.2　设置轮廓图的填充和颜色

在应用轮廓图效果时，可以设置不同的轮廓颜色和内部填充颜色，不同的颜色设置可产生不同的轮廓图效果。

【例 8-3】在绘图文件中，调整轮廓图效果。

（1）选择【选择】工具选择轮廓图对象，如图 8-21 所示。

（2）单击属性栏中的【轮廓色】下拉按钮，在弹出的颜色选取器中选择所需的颜色，为轮廓图的末端对象设置轮廓色，如图 8-22 所示。

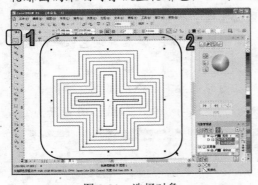

图 8-21　选择对象

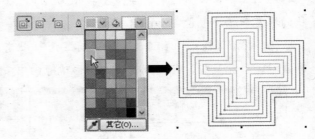

图 8-22　设置轮廓色

（3）在调色板中所需的色样上单击鼠标左键，设置起始端对象的内部填充色，如图 8-23 所示。

（4）在属性栏中单击【填充颜色】下拉按钮，在弹出的颜色选取器中选择所需的颜色，为轮廓图的末端对象设置内部填充色，如图 8-24 所示。

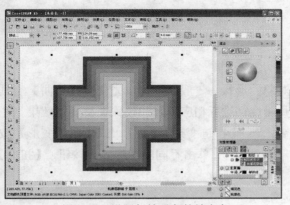

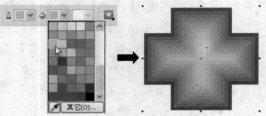

图 8-23　设置起始对象的填充色　　　　　图 8-24　设置末端对象的填充色

§ 8.2.3　分离与清除轮廓图

分离和清除轮廓图的操作方法，与分离和清除调和效果相同。要分离轮廓图，在选择轮廓图对象后，选择【排列】|【拆分轮廓图群组】命令，或右击鼠标在弹出的菜单中选择【拆分轮廓图群组】命令即可。分离后的对象仍保持分离前的状态，用户可以使用【选择】工具移动对象。如图 8-25 所示。

图 8-25　拆分轮廓图

要清除轮廓图效果，在选择应用轮廓图效果的对象后，选择【效果】|【清除轮廓】命令，或单击属性栏中的【清除轮廓】按钮⑤即可。

8.3　变形效果

使用【扭曲】工具可以对所选对象进行各种不同效果的变形。在 CorelDRAW X5 中，用户可以为对象应用推拉变形、拉链变形和扭曲变形 3 种不同类型的变形效果。

新世纪高职高专规划教材

§ 8.3.1 应用变形效果

使用工具箱中的【扭曲】工具可以改变对象的形状。一般用户可以先使用【扭曲】工具进行对象的基本变形，然后通过【扭曲】工具属性栏进行相应编辑和设置调整变形效果。在该工具属性栏中，通过单击【推拉变形】按钮、【拉链变形】按钮或【扭曲变形】按钮，用户可以在绘图窗口中进行相应的变形效果操作。单击不同的变形效果按钮，【扭曲】工具属性栏也会显示不同的参数选项。

【例 8-4】使用【扭曲】工具变形图形对象。

(1) 使用【复杂星形】工具在绘图窗口中绘制，并单击调色板中的橘色色板填充图形，如图 8-26 所示。

(2) 选择工具箱中的【扭曲】工具，在属性栏中单击【推拉变形】按钮，在【失真振幅】数值框中输入 15，然后按下 Enter 键应用，如图 8-27 所示。

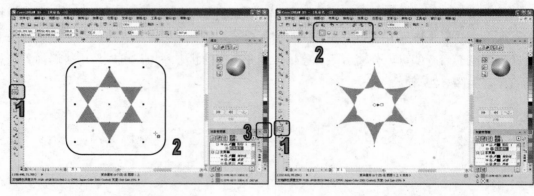

图 8-26　绘制复杂星形　　　　　　　　　　　图 8-27　推拉变形

(3) 单击属性栏中的【添加新的变形】按钮，然后单击【拉链变形】按钮，在属性栏中的【拉链失真振幅】数值框中输入 98，【拉链失真频率】数值框中输入 15，如图 8-28 所示。

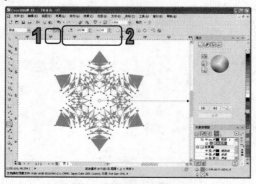

图 8-28　拉链变形

> **技巧**
>
> 拖动变形控制线上的□控制点，可以任意调整变形的失真振幅。拖动◇控制点，可调整对象的变形角度，如图 8-29 所示。

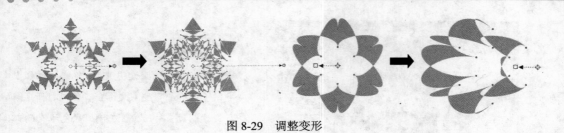

图 8-29　调整变形

§ 8.3.2　清除变形效果

清除对象上应用的变形效果，可使对象恢复为变形前的状态。使用【扭曲】工具单击需要清除变形效果的对象，选择【效果】|【清除变形】命令或单击属性栏中的【清除变形】按钮即可。

8.4　透明效果

透明效果实际就是在对象当前的填充上应用类似于填充的灰阶遮罩。应用透明效果后，选择的对象会透明显示排列在其后面的对象。使用【透明度】工具，可以很方便地为对象应用均匀、渐变、图样或底纹等透明效果。

使用【透明度】工具后可以通过手动调节和工具属性栏两种方式调整对象的透明效果。使用【透明度】工具单击要应用透明度的对象，然后从工具属性栏的【透明度类型】下拉列表中选择透明度类型。

【例 8-5】在绘图文件中，使用【透明度】工具改变图像效果。

(1) 在打开的绘图文件中，使用【选择】工具选取对象，如图 8-30 所示。

(2) 选择【透明度】工具，在属性栏的【透明类型】下拉列表中选择【线性】透明度类型，如图 8-31 所示。

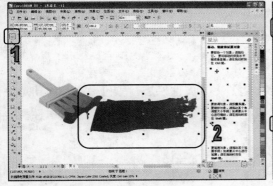

图 8-30　选取对象

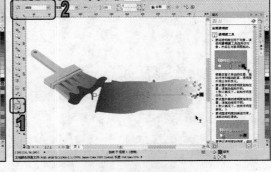

图 8-31　应用透明效果

(3) 使用鼠标拖动调整线性透明的起始点和结束点位置，如图 8-32 所示。

新世纪高职高专规划教材

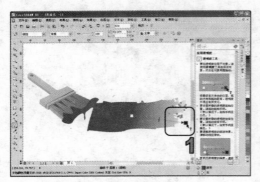

图 8-32　调整透明效果

技巧

在使用渐变透明度后，单击属性栏中的【编辑透明度】按钮，可以打开【渐变透明度】对话框。在使用黑色填充的部分，透明度为完全透明；使用白色填充的部分，为完全不透明。

提示

如果使用的是图样或底纹透明度，单击属性栏中的【编辑透明度】按钮，可以打开【图样透明度】对话框和【底纹透明度】对话框，在其中可以对图案或底纹进行设置。设置方法与填充设置相同。

8.5　立体化效果

应用立体化功能，可以为对象添加三维效果，使对象具有纵深感和空间感。立体化效果可以应用于图形和文本对象。

需要创建立体化效果，用户可以在工作区中选择操作的对象，并设置填充和轮廓线属性。然后选择交互式工具组中的【立体化】工具，在对象上按下鼠标并拖动，拖动光标至适当位置释放，即可创建交互式立体化效果，如图 8-33 所示。

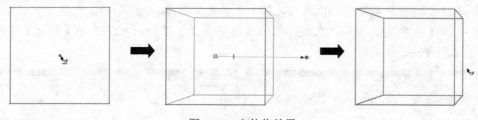

图 8-33　立体化效果

创建立体化效果后，用户还可以通过【立体化】工具属性栏进行颜色模式、斜角边、三维灯光、灭点模式等参数选项的设置。选择工具箱中的【立体化】工具后，工具属性栏会显示为如图 8-34 所示状态。

图 8-34　【立体化】工具属性栏

在该工具属性栏中，各主要参数选项的作用如下。

➢ 【立体化类型】：在该选项下拉列表框中有 6 种预设的立体化效果，如图 8-35 所示。

用户可以根据需要进行选择。

- 【深度】：用于设置对象的立体化效果深度。
- 【灭点坐标】：用于设置灭点的水平坐标和垂直坐标。
- 【灭点属性】：在该选项下拉列表中，可以选择【锁到对象上的灭点】、【锁到页上的灭点】、【复制灭点，自…】和【共享灭点】4 种立体化效果的灭点属性。
- 【立体的方向】：单击该按钮，可以打开【立体的方向】对话框。在该对话框中，使用光标拖动旋转显示的数字，即可更改对象立体化效果的方向。如果单击【切换方式】按钮，可以切换至【旋转值】对话框，以数值设置方式调整立体化效果的方向，对话框中显示 x、y、z 三个坐标旋转值设置文本框，用于设置对象在 3 个轴向上的旋转坐标数值。如图 8-36 所示。

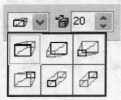

图 8-35　立体化类型

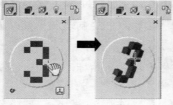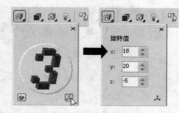

图 8-36　立体的方向

- 【立体化颜色】：单击该按钮，可以打开【颜色】对话框。该对话框中共有【使用对象填充】、【使用纯色】和【使用递减的颜色】3 种颜色填充模式。选择不同的颜色填充模式时，其选项有所不同，如图 8-37 所示。
- 【立体化倾斜】：单击该按钮，打开【斜角修饰边】对话框。该对话框用于设置立体化效果斜角修饰边的参数选项，如设置斜角修饰边的深度、角度等。如图 8-38 所示。

图 8-37　立体化颜色

图 8-38　立体化倾斜

- 【立体化照明】：单击该按钮，可以打开灯光设置对话框。在该对话框中，可以为对象设置 3 盏立体照明灯，并设置灯的位置和强度。如启用【使用全色范围】复选框，可以确保为立体化效果添加光源时获得最佳效果。如图 8-39 所示。

新世纪高职高专规划教材

图 8-39　立体化照明

【例 8-6】在绘图文件中，创建并编辑立体化效果。

(1) 选择【箭头形状】工具，在工具属性栏中单击【完美形状】选取器选择一种形状工具，设置【轮廓宽度】数值为 2pt，在页面中绘制形状，然后在调色板中设置形状的填充和轮廓颜色，如图 8-40 所示。

(2) 选择【立体化】工具，由左至右拖动鼠标，为图形创建交互式立体化效果，释放鼠标后，效果如图 8-41 所示。

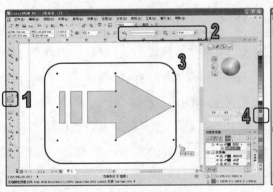 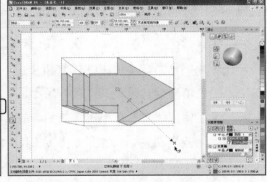

图 8-40　绘制图形　　　　　　　　　　图 8-41　立体化效果

(3) 单击属性栏中的【立体的方向】按钮，在弹出的下拉面板中拖动预览，调整立体效果的方向，如图 8-42 所示。

(4) 单击属性栏中的【立体化颜色】按钮，在弹出的下拉面板中选择【使用递减的颜色】按钮，然后在下方的【从】颜色挑选器中选择黄色，【到】颜色挑选器中选择橘红色，如图 8-43 所示。

(5) 单击属性栏中的【立体化倾斜】按钮，在弹出的下拉面板中，选中【使用斜角修饰边】复选框，设置【斜角修饰边深度】数值为 4mm、【斜角修饰边角度】数值为 15°，如图 8-44 所示。

(6) 单击属性栏中的【立体化照明】按钮，在弹出的下拉面板中，单击【光源 1】按钮，设置【强度】数值为 100；单击【光源 2】按钮，设置【强度】数值为 80，如图 8-45 所示。

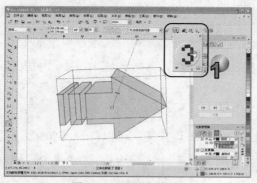

图 8-42　调整立体的方向　　　　　　　图 8-43　设置立体化颜色

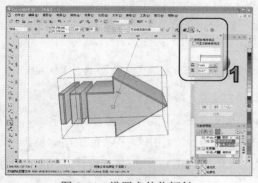
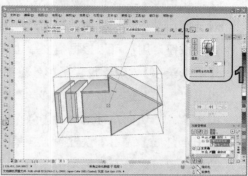

图 8-44　设置立体化倾斜　　　　　　　图 8-45　设置立体化照明

8.6　阴影效果

　　使用阴影工具可以非常方便地为图像、图形、美术字文本等对象添加交互式阴影效果，使其更加具有视觉层次和纵深感。但不是所有对象都能添加交互式阴影效果，如应用调和效果的对象、应用立体化效果的对象等。

§ 8.6.1　创建阴影效果

　　创建阴影效果的操作方法十分简单，只需选择工作区中要操作的对象，然后选择工具箱中的【阴影】工具，在该对象上按下鼠标并拖动，即可拖动出阴影。拖动至合适位置时释放鼠标，这样就创建了阴影效果。

　　创建阴影效果后，通过拖动阴影效果开始点和阴影结束点，可设置阴影效果的形状、大小及角度；通过拖动控制柄中阴影效果的不透明度滑块，可设置阴影效果的不透明度。另外，还可以通过设置【阴影】工具属性栏中的参数选项进行调整，如图 8-46 所示。

图 8-46　【阴影】工具属性栏

新世纪高职高专规划教材

在【阴影】工具属性栏中，各主要参数选项的作用如下：

➤ 【阴影角度】：用于设置阴影效果起始点与结束点之间构成的水平角度的大小。

➤ 【阴影的不透明】：用于设置阴影效果的不透明度，其数值越大，不透明度越高，阴影效果也就越强。

➤ 【阴影羽化】：用于设置阴影效果的羽化程度，其取值范围为 0~100。

➤ 【羽化方向】：用于设置阴影羽化的方向。单击该按钮，可以打开【羽化方向】对话框。在该对话框中，有【向内】、【中间】、【向外】、【平均】4 个选项按钮，用户可以根据需要进行选择。

➤ 【羽化边缘】：用于设置羽化边缘的效果类型。单击该按钮，可以打开【羽化边缘】对话框。在该对话框中，有【线性】、【方形的】、【反白方形】、【平面】4 个选项按钮，用户可以根据需要单击选择。

➤ 【阴影淡出】：用于设置阴影效果的淡化程度。用户可以直接在数值框中输入数值，也可以单击其选项按钮通过移动滑块进行调整。滑块向右移动，阴影效果的淡化程度越大；滑块向左移动，阴影效果的淡化程度越小。

➤ 【阴影延展】：用于设置阴影效果的向外延伸程度。用户可以直接在数值框中输入数值，也可以单击其选项按钮通过移动滑块进行调整。滑块向右移动，阴影效果的向外延伸越远。

➤ 【阴影颜色】：用于设置阴影的颜色。

【例 8-7】使用【阴影】工具为选定对象添加阴影。

(1) 选择【选择】工具选取需要创建阴影效果的对象，如图 8-47 所示。

(2) 选择【阴影】工具，在图形对象上按住鼠标左键不放，拖动鼠标到合适的位置，释放鼠标后，即可为对象创建阴影效果，如图 8-48 所示。

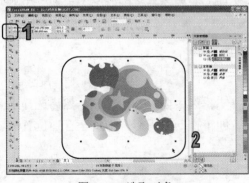

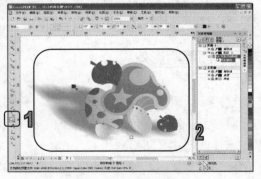

图 8-47　选取对象　　　　　　　　　　　图 8-48　阴影效果

(3) 在工具属性栏的【阴影的不透明】数值框中输入 40，【阴影羽化】数值框中输入 30，在【阴影颜色】下拉面板中选择一种颜色，即可调整阴影效果，如图 8-49 所示。

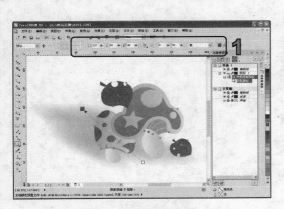

图 8-49　调整阴影效果

§ 8.6.2　分离与清除阴影

用户可以将对象和阴影分离成两个相互独立的对象，分离后的对象仍保持原有的颜色和状态不变。要将对象与阴影分离，在选择整个阴影对象后，按 Ctrl+K 键即可。分离阴影后，使用【选择】工具移动图形或阴影对象，可以看到对象与阴影分离后的效果。要清除阴影效果，只需选中阴影对象后，选择【效果】|【清除阴影】命令或单击属性栏中的【清除阴影】按钮即可。

8.7　封套效果

【封套】工具为对象提供了一系列简单的变形效果，为对象添加封套后，通过调整封套上的节点可以使对象产生各种形状的变形效果。

§ 8.7.1　创建封套效果

使用【封套】工具，可以使对象整体形状随封套外形的调整而改变。该工具主要针对图形对象和文本对象进行操作。另外，用户可以使用预设的封套效果，也可以编辑已创建的封套效果创建自定义封套效果。

选择图形对象后，选择【窗口】|【泊坞窗】|【封套】命令，打开【封套】泊坞窗，单击其中的【添加预设】按钮，在下面的样式列表框中选择一种预设的封套样式，单击【应用】按钮，即可将该封套样式应用到图形对象中，如图 8-50 所示。

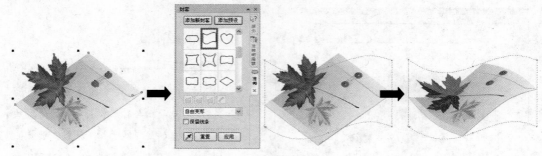

图 8-50　使用封套

§8.7.2　编辑封套效果

在对象四周出现封套编辑框后，可以结合该工具属性栏对封套形状进行编辑。【封套】工具的属性栏如图 8-51 所示。

图 8-51　【封套】工具属性栏

- ➢ 【直线模式】按钮：单击该按钮后，移动封套的控制点时，可以保持封套边线为直线段，如图 8-52 所示。
- ➢ 【单弧模式】按钮：单击该按钮后，移动封套的控制点时，封套边线将变为单弧线，如图 8-53 所示。

图 8-52　直线模式

图 8-53　单弧模式

- ➢ 【双弧模式】按钮：单击该按钮，移动封套的控制点时，封套边线将变为 S 形弧线，如图 8-54 所示。
- ➢ 【非强制模式】按钮：单击该按钮后，可任意编辑封套形状，更改封套边线的类型和节点类型，还可增加或删除封套的控制点等，如图 8-55 所示。
- ➢ 【添加新封套】按钮：单击该按钮后，封套形状恢复为未进行任何编辑时的状态，而封套对象仍保持变形后的效果。

图 8-54　双弧模式　　　　　　　　　　　图 8-55　非强制模式

8.8　透视效果

使用【添加透视】命令，可以对对象进行倾斜和拉伸等变换操作，使对象产生空间透视效果。透视功能只能用于矢量图形和文本对象，而不能用于位图图像。同时，在为群组对象应用透视点功能时，如果对象中包含有交互式阴影效果、网格填充效果、位图或沿路径排列的文字时，都不能应用此项。要清除对象中的透视效果，选择【效果】|【清除透视点】命令即可。

【例 8-8】在绘图文件中，使用【添加透视】命令调整图形对象。

(1) 使用【选择】工具将图形对象选取，如图 8-56 所示。

(2) 选择【效果】|【添加透视】命令，在对象上会出现网格似的红色虚线框，同时在对象的四角出现黑色的控制点，如图 8-57 所示。

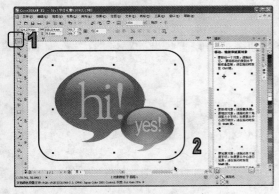

图 8-56　选择对象　　　　　　　　　　　图 8-57　使用【添加透视】命令

(3) 拖动其中任意一个控制点，可使对象产生透视的变换效果。此时，在绘图窗口中将会出现透视的消失点，拖动该消失点可调整对象的透视效果，如图 8-58 所示。

新世纪高职高专规划教材

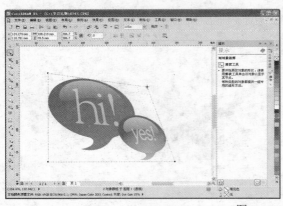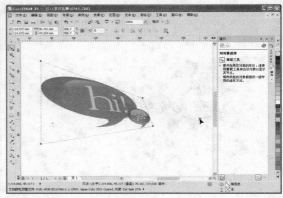

图 8-58　调整透视

8.9　透镜效果

使用透镜功能可以改变透镜下方对象区域的外观，而不改变对象的实际特性和属性。在 CorelDRAW 中可以对任意矢量对象、美术字文本和位图的外观应用透镜。选择【窗口】|【泊坞窗】|【透镜】命令，或按 Alt+F3 键可以显示【透镜】泊坞窗，用户可以在泊坞窗的透镜类型下拉列表中选择所需的透镜类型，如图 8-59 所示。

技巧

> 选中泊坞窗中的【冻结】复选框，可以将应用透镜效果对象下面的其他对象所产生的效果添加成透镜效果的一部分，不会因为透镜或对象的移动而改变该透镜效果。选中【视点】复选框，在不移动透镜的情况下，只显示透镜下面对象的部分。选中【移除表面】复选框，透镜效果只显示该对象与其他对象重合的区域，而被透镜覆盖的其他区域则不可见。

➢ **【变亮】选项**：允许使对象区域变亮和变暗，并可设置亮度和暗度的比率，如图 8-60 所示。

图 8-59　【透镜】泊坞窗

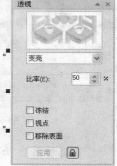

图 8-60　【变亮】

➢ 【颜色添加】选项：允许模拟加色光线模型。 透镜下的对象颜色与透镜的颜色相加，就像混合了光线的颜色。 可以选择颜色和要添加的颜色量，如图 8-61 所示。

➢ 【色彩限度】选项：仅允许用黑色和透过的透镜颜色查看对象区域，如图 8-62 所示。

图 8-61　【颜色添加】　　　　　　　　　　图 8-62　【色彩限度】

➢ 【自定义彩色图】选项：允许将透镜下方对象区域的所有颜色改为介于指定的两种颜色之间的一种颜色，如图 8-63 所示。 可以选择这个颜色范围的起始色和结束色，以及这两种颜色的渐进。 渐变在色谱中的路径可以是直线、向前或向后。

➢ 【鱼眼】选项：允许根据指定的百分比扭曲、放大或缩小透镜下方的对象，如图 8-64 所示。

图 8-63　【自定义彩色图】　　　　　　　　图 8-64　【鱼眼】

➢ 【热图】选项：允许通过在透镜下方的对象区域中模仿颜色的冷暖度等级，来创建红外图像的效果，如图 8-65 所示。

➢ 【反显】选项：允许将透镜下方的颜色变为其 CMYK 互补色。 互补色是色轮上互为相对的颜色，如图 8-66 所示。

 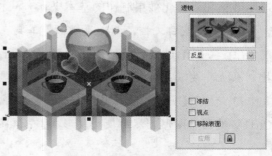

图 8-65　【热图】　　　　　　　　　　　　图 8-66　【反显】

新世纪高职高专规划教材

> ➤ 【放大】选项：允许按指定的量放大对象上的某个区域，如图 8-67 所示。
> ➤ 【灰度浓淡】选项：允许将透镜下方对象区域的颜色变为其等值的灰度，如图 8-68 所示。

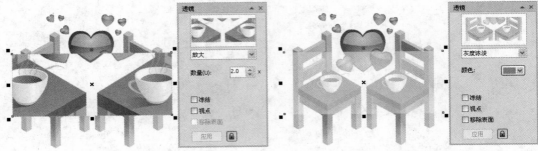

图 8-67　【放大】　　　　　　　　　　　图 8-68　【灰度浓淡】

> ➤ 【透明度】选项：使对象看起来象着色胶片或彩色玻璃，如图 8-69 所示。
> ➤ 【线框】选项：允许用所选的轮廓或填充色显示透镜下方的对象区域。 例如，如果将轮廓设为红色，将填充设为蓝色，则透镜下方的所有区域看上去都具有红色轮廓和蓝色填充。

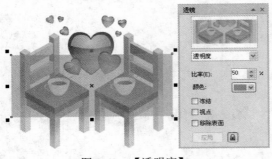

图 8-69　【透明度】

技巧

　　需要注意的是，不能将透镜效果直接应用于链接群组，如勾划轮廓线的对象、斜角修饰边对象、立体化对象、阴影、段落文本或用【艺术笔】工具创建的对象。

8.10　上机实战

　　本章的上机实战主要练习制作立体包装盒效果，使用户更好地掌握图形绘制、调和效果、透明效果和立体化效果制作的基本操作方法和技巧。

　　(1) 新建空白文档，选择【矩形】工具在文档中绘制一个矩形，如图 8-70 所示。

　　(2) 按 Ctrl+C 键复制绘制的矩形，按 Ctrl+V 键粘贴矩形，然后将光标放置在矩形右侧的控制点上，按下鼠标向左拖动翻转矩形并调整图形大小，如图 8-71 所示。

　　(3) 使用【贝塞尔】工具绘制如图 8-72 所示的图形，并按 Ctrl+C 键复制绘制的图形，按 Ctrl+V 键粘贴图形，然后使用【形状】工具调整节点位置，如图 8-73 所示。

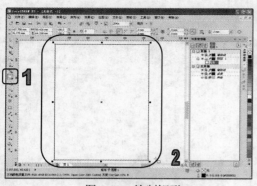

图 8-70 绘制矩形

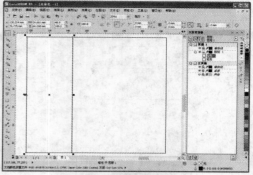

图 8-71 翻转图形

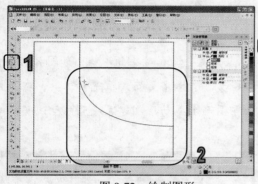

图 8-72 绘制图形

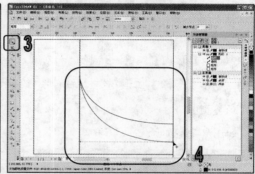

图 8-73 复制并调整图形

(4) 使用【选择】工具选中步骤(3)中绘制的图形，在调色板中单击 R=255、G=102、B=0 的颜色色板填充图形及轮廓，如图 8-74 所示。

(5) 使用【选择】工具选中步骤(3)中复制的图形，在调色板中单击 R=154、G=0、B=0 的颜色色板填充图形及轮廓，如图 8-75 所示。

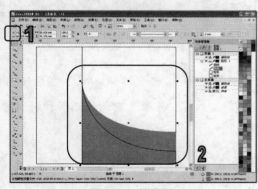

图 8-74 填充图形

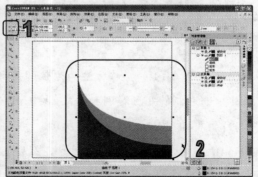

图 8-75 填充复制的图形

(6) 选择【调和】工具，在工具属性栏的【调和对象】数值框中输入 2，然后在图形对象上拖动创建调和，如图 8-76 所示。

(7) 选择【选择】工具选中调和对象，按 Ctrl+C 键复制，按 Ctrl+V 键粘贴，然后将光标放置在矩形右侧的控制点上，按下鼠标向左拖动翻转矩形并调整图形大小，如图 8-77

新世纪高职高专规划教材

所示。

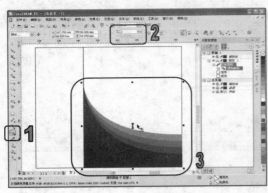
图 8-76　调和对象

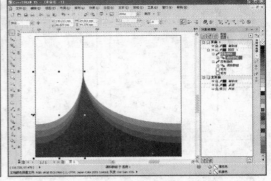
图 8-77　复制并翻转、调整对象

(8) 选择【形状】工具，选择调和对象上的节点，调整调和对象的形状，如图 8-78 所示。

(9) 使用【选择】工具选中步骤(1)中绘制的矩形，选择【交互式填充】工具，在属性栏的【填充类型】下拉列表中选择【线性】，然后在图形上拖动，创建浅灰至白至浅灰的渐变填充，如图 8-79 所示。

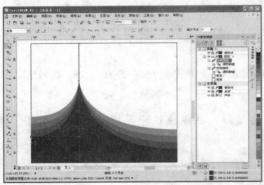
图 8-78　调整图形

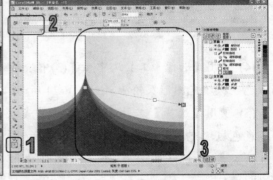
图 8-79　填充对象

(10) 使用步骤(9)的操作方法为左侧的矩形添加渐变填充，如图 8-80 所示。然后使用【选择】工具框选左侧的矩形和调和对象，按 Ctrl+G 键群组对象。再框选右侧的矩形和调和对象，按 Ctrl+G 键群组对象。如图 8-81 所示。

(11) 使用【选择】工具选中对象，然后选择【效果】|【添加透视】命令，在对象上会出现网格似的红色虚线框，同时在对象的四角出现黑色的控制点，拖动其控制点，使对象产生透视的变换效果。如图 8-82 所示。

(12) 使用【选择】工具框选全部对象，按 Ctrl+G 键群组对象。选择【矩形】工具在文档中绘制一个矩形，如图 8-83 所示。

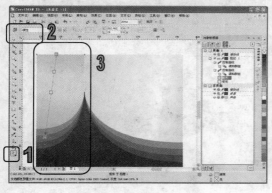

图 8-80 填充对象

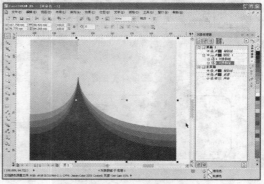

图 8-81 群组对象

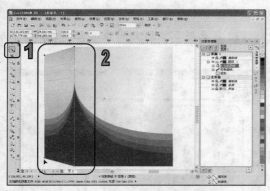
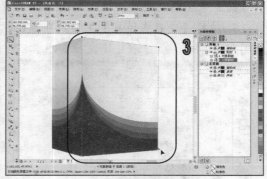

图 8-82 添加透视

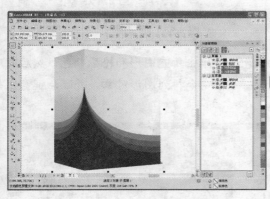
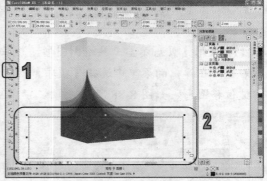

图 8-83 绘制图形

　　(13) 选择【交互式填充】工具，在属性栏的【填充类型】下拉列表中选择【线性】，然后在图形上拖动，创建浅灰至白的渐变填充，如图 8-84 所示。

　　(14) 在对象上右击，在弹出的菜单中选择【顺序】|【向后一层】命令排列图形对象，如图 8-85 所示。

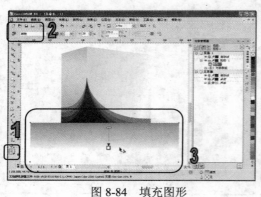

图 8-84　填充图形

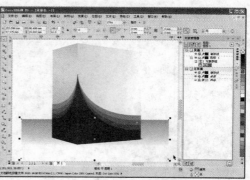

图 8-85　排序对象

(15) 选择【矩形】工具，绘制矩形。在对象上右击，在弹出的菜单中选择【顺序】|【到图层后面】命令排列图形对象，如图 8-86 所示。

(16) 选择【交互式填充】工具，在属性栏的【填充类型】下拉列表中选择【辐射】，然后在图形上拖动，创建渐变填充，如图 8-87 所示。

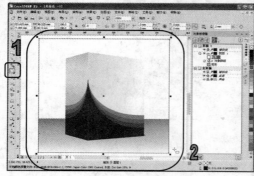

图 8-86　绘制图形

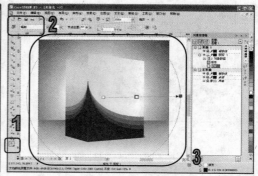

图 8-87　填充图形

(17) 使用【贝塞尔】工具绘制图形，并在调色板中单击填充图形和轮廓颜色，然后在对象上右击，在弹出的菜单中选择【顺序】|【向后一层】命令排列图形对象，并配合键盘上的方向键位移图形，如图 8-88 所示。

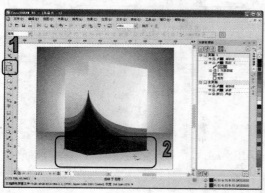

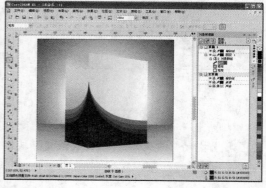

图 8-88　绘制并调整图形

(18) 使用【贝塞尔】工具绘制图形，然后在调色板中单击深灰色颜色色板填充图形和轮廓颜色。选择【透明度】工具在图形上拖动绘制，如图 8-89 所示。

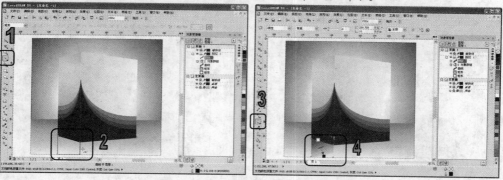

图 8-89 绘制图形并应用透明效果

(19) 使用【贝塞尔】工具绘制图形，然后在调色板中单击深灰色颜色色板填充图形和轮廓颜色。选择【透明度】工具在图形上拖动绘制，如图 8-90 所示。

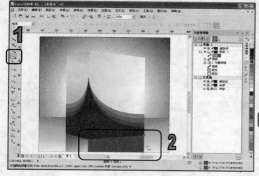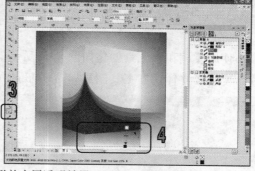

图 8-90 绘制图形并应用透明效果

(20) 选择【文本】工具在文档中单击，然后在属性栏中设置字体、字体大小，并输入文字内容。再在调色板中设置填充颜色。如图 8-91 所示。

(21) 使用【选择】工具选中文字，按 Ctrl+Q 键将文字转换为曲线，并缩放调整文字大小，如图 8-92 所示。

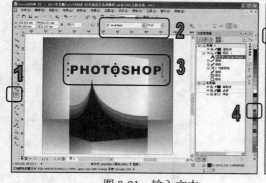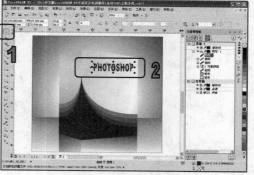

图 8-91 输入文本 图 8-92 调整文本

(22) 使用【选择】工具选中对象，然后选择【效果】|【添加透视】命令，在对象上会出现网格似的红色虚线框，同时在对象的四角出现黑色的控制点，拖动其控制点，使对象产生

透视的变换效果。如图 8-93 所示。

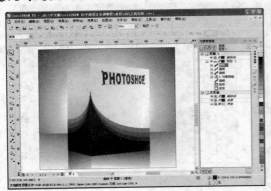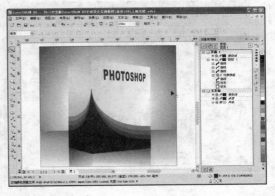

图 8-93　为文字添加透视效果

8.11　习题

1. 使用【调和】工具创建如图 8-94 所示的图形对象。
2. 使用【立体化】工具创建如图 8-95 所示的图形对象。

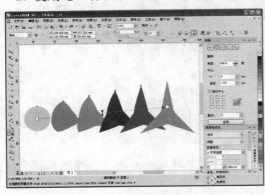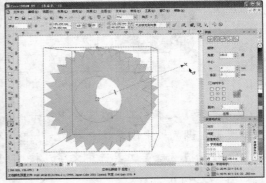

图 8-94　使用【调和】工具绘制图形　　　图 8-95　使用【立体化】工具绘制图形

第 9 章

位 图 编 辑

主要内容　　　在 CorelDRAW X5 中，除了创建编辑失量图形外，还可以对位图图像进行处理。它提供了多种针对位图图像色彩的编辑处理命令和功能。了解和掌握这些命令和功能的使用方法，有利于用户处理位图图像。

本章重点
- ➤ 导入位图
- ➤ 链接和嵌入位图
- ➤ 调整位图
- ➤ 使用【图像调整实验室】
- ➤ 调整位图的颜色和色调
- ➤ 描摹位图

9.1　导入位图

在 CorelDRAW X5 中，不仅可以绘制各种效果的矢量图形，还可以通过导入位图，并对位图进行编辑处理，制作出更加完美的画面效果。

选择【文档】|【导入】命令或单击属性栏中的【导入】按钮，打开如图 9-1 所示的【导入】对话框，可选择需要导入的文件，在预览窗口中可以预览该图片的效果，将光标移动到文件名上停顿片刻后，在光标下方会显示出该图片的尺寸、类型和大小等信息。

图 9-1　【导入】对话框

技巧

要执行【文件】菜单中的【导入】命令，还可以使用 Ctrl+I 快捷键；也可以在绘图窗口中的空白位置上单击鼠标右键，在弹出的命令菜单中选择【导入】命令。

> 【外部链接位图】复选框：可以从外部链接位图，而不将其嵌入到文件中。

> 【合并多图层位图】复选框：自动合并位图中的图层。

> 【提取嵌入的 ICC 预置文件】复选框：可以将嵌入的国际颜色委员会(ICC)预置文件保存到安装应用程序的颜色文件夹中。

> 【检查水印】复选框：可以检查水印的图像及其包含的任何信息。

> 【不显示过滤器对话框】复选框：不用打开对话框就可以使用过滤器的默认设置。

> 【保持图层和页面】复选框：导入文件时可以保留图层和页面。如果禁用此复选框，所有图层都会合并到单个图层中。

> 【使用 OPI 将输出链接到高分辨率文件】复选框：可以将低分辨率版本的 TIFF 或 Scitex 连续色调(CT)文件插入到文档中。低分辨率版本的文件使用高分辨率的图像链接，此图像位于开放式预印界面(OPI)服务器。

【例 9-1】在 CorelDRAW 中，导入位图图像。

(1) 选择【文件】|【导入】命令，或单击属性栏中的【导入】按钮，打开【导入】对话框，如图 9-2 所示。

(2) 在【查找范围】下拉列表中选择需要导入的文件路径，在文件列表框中单击需要导入的文件名称。如图 9-3 所示。

图 9-2　打开【导入】对话框　　　　图 9-3　选择导入文件

(3) 单击【导入】按钮，此时光标变为如图 9-4 所示状态，同时在光标后面会显示该文件的大小和导入时的操作说明。

(4) 在页面上按住鼠标左键拖出一个红色虚线框，释放鼠标后，位图将以虚线框的大小被导入，如图 9-5 所示。

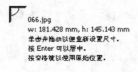
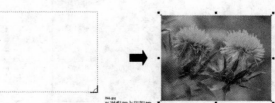

图 9-4　导入光标　　　　　　　　　图 9-5　导入位图

9.2 链接和嵌入位图

CorelDRAW 可以将 CorelDRAW 文件作为链接或嵌入的对象插入到其他应用程序中，也可以在其中插入链接或嵌入的对象。链接的对象与其源文件之间始终保持链接；而嵌入的对象与其源文件之间没有链接关系，它是集成到当前文档中的。

1. 链接位图

链接位图与导入位图不同，导入的位图可以在 CorelDRAW 中进行修改和编辑，而链接到 CorelDRAW 中的位图不能对其进行修改。要修改链接的位图，就必须在创建原文件的应用程序中进行。

要在 CorelDRAW 中插入链接的位图，可选择【文件】|【导入】命令，在打开的【导入】对话框中选择需要链接到 CorelDRAW 中的位图，并选中【外部链接位图】复选框，然后单击【导入】按钮即可。

2. 嵌入位图

要在 CorelDRAW 中嵌入位图，可选择【编辑】|【插入新对象】命令，打开如图 9-6 所示的【插入新对象】对话框。在对话框中，选中【由文件创建】单选按钮，此时对话框设置如图 9-7 所示。在其中选中【链接】复选框，然后单击【浏览】按钮，在弹出的【浏览】对话框中选择需要嵌入在 CorelDRAW 中的图像文件，单击【确定】按钮即可。

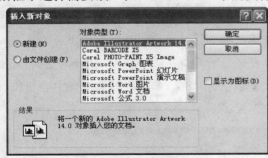

图 9-6　【插入新对象】对话框

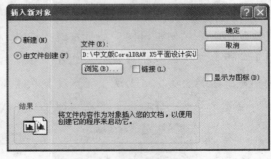

图 9-7　由文件创建

9.3 调整位图

在 CorelDRAW X5 的绘图中添加了位图图像后，可以对位图进行剪切、重新取样或编辑等操作。

新世纪高职高专规划教材

§ 9.3.1 裁剪位图

对于位图的剪切，CorelDRAW 提供了两种方式，一种是在输入前对位图进行剪切，另一种是在输入位图后进行剪切。

1. 导入时剪切

在导入位图的【导入】对话框中，选择【全图像】下拉列表中的【裁剪】选项，单击【导入】按钮时，会打开【裁剪图像】对话框。

【例 9-2】在 CorelDRAW X5 中，导入并裁剪位图。

(1) 选择【文件】|【导入】命令，在【导入】对话框中，选中需要导入的位图文件，并在【全图像】下拉列表中选择【裁剪】选项，然后单击【导入】按钮，打开【裁剪图像】对话框。如图 9-8 所示。

图 9-8　打开【裁剪图像】对话框

(2) 在【裁剪图像】对话框的预览窗口中，可以拖动裁剪框四周的控制点，控制图像的裁剪范围。在控制框内按下鼠标左键并拖动，可调整控制框的位置，被框选的图像将被导入到文件中，其余部分将被裁掉。也可以在【选择要裁剪的区域】选项栏中，输入精确的数值调整裁剪框的大小，这里设置【宽度】和【高度】数值为 450，然后在预览窗口中调整控制框的位置，再单击【确定】按钮即可导入并裁剪图像，如图 9-9 所示。

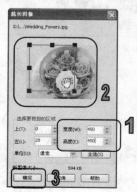

图 9-9　导入并裁剪图像

2. 导入后剪切

在将位图导入到当前绘图文件后，还可以使用【裁剪】工具和【形状】工具对位图进行裁剪。

> 使用【裁剪】工具可以将位图裁剪为矩形。选择【裁剪】工具，在位图上按下鼠标左键并拖动，创建一个裁剪控制框，拖动控制框上的控制点，调整裁剪控制框的大小和位置，使其框选需要保留的图像区域，然后在裁剪控制框内双击，即可将位于裁剪控制框外的图像裁剪掉，如图 9-10 所示。

图 9-10 使用【裁剪】工具

> 使用【形状】工具可以将位图裁剪为不规则的各种形状。使用【形状】工具单击位图图像，此时在图像边角上将出现 4 个控制节点，接下来按照调整曲线形状的方法进行操作，即可将位图裁剪为指定的形状，如图 9-11 所示。

图 9-11 使用【形状】工具

§ 9.3.2 重新取样位图

通过重新取样，可以增加像素以保留原始图像的更多细节。在进行重新取样的时候，用户可以使用绝对值或百分比修改位图的大小；修改位图的水平或垂直分辨率；选择重新取样后的位图的处理质量等。

按 Ctrl+I 快捷键打开【导入】对话框，选择需要导入的图像后，在【全图像】下拉列表中选择【重新取样】选项，然后单击【导入】按钮，打开【重新取样图像】对话框，如图 9-12 所示。在【重新取样图像】对话框中，可更改对象的尺寸大小、解析度以及消除缩放对象后产生的锯齿现象等，从而达到控制文件大小和图像质量的目的。

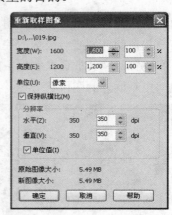

图 9-12　打开【重新取样图像】对话框

用户也可以将图像导入到当前文件后，再对位图进行重新取样。选中导入位图后，选择【位图】|【重新取样】命令或者单击属性栏上的【重新取样位图】按钮，打开【重新取样】对话框，如图 9-13 所示。

图 9-13　打开【重新取样】对话框

技巧

选中【光滑处理】复选框后，可以最大限度地避免曲线外观参差不齐。选中【保持纵横比】复选框，并在【宽度】或【高度】数值框中输入适当的数值，从而保持位图的比例。也可以在【图像大小】的数值框中，根据位图原始大小输入百分比，对位图重新取样。

§ 9.3.3　矢量图形转换为位图

在 CorelDRAW 中，选择菜单栏中的【位图】|【转换为位图】命令，可以将矢量图形转换为位图。在转换过程中，还可以设置转换后的位图属性，如颜色模式、分辨率、背景透明度和光滑处理等参数。

【例 9-3】在 CorelDRAW 中，将矢量图形转换为位图。

(1) 打开需要转换的矢量图形文件，使用【选择】工具选择需要转换的图形对象，如图 9-14 所示。

(2) 选择【位图】|【转换为位图】命令，打开【转换为位图】对话框，如图 9-15 所示。

图 9-14　选择图形　　　　　　图 9-15　打开【转换为位图】对话框

提示

在【转换为位图】对话框的【选项】选项区域中选中【光滑处理】复选框，可以将位图的边缘平滑处理。选中【透明背景】复选框可以设置位图的背景为透明。

(3) 在【分辨率】下拉列表中选择适当的分辨率大小 200dpi，在【颜色模式】下拉列表中选择【RGB 色(24 位)】，然后单击【确定】按钮即可将矢量图转换为位图，如图 9-16 所示。

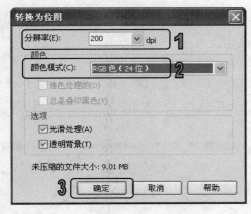

图 9-16　转换为位图

技巧

为保证转换后的位图效果，必须将【颜色】选择在 24 位以上，【分辨率】选择在 200dpi 以上。颜色模式决定构成位图的颜色数量和种类，因此文件大小也会受到影响。如果在【转换为位图】对话框中将位图背景设置为透明状态，那么在转换后的图像中，可以看到被位图背景遮盖住的图像或背景。

§ 9.3.4　使用【图像调整实验室】

使用【图像调整实验室】命令可以快速、轻松地校正大多数相片的颜色和色调问题。【图

新世纪高职高专规划教材

像调整实验室】由自动和手动控件组成，这些控件按图像校正的逻辑顺序进行组织。用户不仅可以选择校正特定于图像的问题所需的控件，还可以在编辑前对图像的所有区域进行裁剪或润饰。

【例 9-4】在 CorelDRAW X5 应用程序中，使用【图像调整实验室】命令调整图像。

(1) 在打开的绘图文件中，使用【选择】工具选中位图，选择【位图】|【图像调整实验室】命令，打开【图像调整实验室】对话框，如图 9-17 所示。

图 9-17　打开【图像调整实验室】对话框

(2) 在对话框中，单击顶部的【全屏预览之前和之后】按钮，设置【温度】数值为 6680、【饱和度】数值为-55，查看前后调整效果。设置完成后，单击【确定】按钮应用，如图 9-18 所示。

技巧

单击【创建快照】按钮可以捕获对图像所做的调整。快照缩略图显示在预览窗口的下面，用户可以进行比较，选择图像的最优版本，如图 9-19 所示。要删除快照，可以直接单击快照标题栏右上角的【关闭】按钮。单击【重置为原始值】按钮，可将各项设置的参数值恢复为系统默认值。

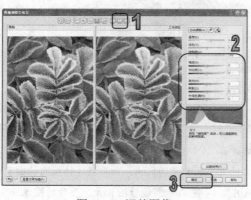 

图 9-18　调整图像　　　　　　　　　　图 9-19　快照缩略图

§ 9.3.5　矫正图像

使用【矫正图像】对话框可以快速矫正位图图像。在【矫正图像】对话框中，可以通过移动滑块、键入旋转角度或使用箭头键来旋转图像，并且可以使用预览窗口动态预览所做的调整。默认情况下，矫正后的图像将被裁剪到预览窗口中显示的裁剪区域中。最终图像与原始图像具有相同的纵横比，但是尺寸较小。用户也可以通过对图像进行裁剪和重新取样保留该图像的原始宽度和高度；或通过禁用裁剪，然后使用【裁剪】工具在图像窗口中裁剪该图像以某个角度生成图像。

【例 9-5】在 CorelDRAW X5 应用程序中，使用【矫正位图】命令调整图像。

(1) 在打开的绘图文件中，使用【选择】工具选中位图，选择【位图】|【矫正位图】命令，打开【矫正位图】对话框，如图 9-20 所示。

图 9-20　打开【矫正位图】对话框

(2) 在对话框中，向右拖动【旋转图像】滑块调整图像角度，然后单击【确定】按钮应用调整，如图 9-21 所示。

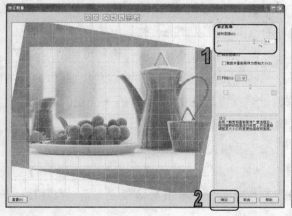

图 9-21　矫正位图

9.4　调整位图的颜色和色调

在 CorelDRAW X5 中，可以对位图进行颜色和色调调整，恢复阴影或高光中丢失的细节，清除色块，校正曝光不足或曝光过度等问题，提高画面质量。选择【效果】|【调整】命令打

开其子菜单，用户可以根据图像的具体情况，选用不同的调整命令。

➢ 【高反差】命令：用于在保留阴影和高亮度显示细节的同时，调整色调、颜色和位图对比度。交互式柱状图使用户可以将亮度值更改或压缩到可打印限制。也可以通过从位图取样来调整柱状图。

➢ 【局部平衡】命令：用来提高边缘附近的对比度，以显示明亮区域和暗色区域中的细节。可以在此区域周围设置高度和宽度来强化对比度。

➢ 【取样/目标平衡】命令：可以使用从图像中选取的色样来调整位图中的颜色值。可以从图像的黑色、中间色调以及浅色部分选取色样，并将目标颜色应用于每个色样。

➢ 【调和曲线】命令：可以通过控制各个像素值来精确地校正颜色。通过更改像素亮度值，可以更改阴影、中间色调和高光。

➢ 【亮度/对比度/强度】命令：可以调整所有颜色的亮度以及明亮区域与暗色区域之间的差异。

➢ 【颜色平衡】命令：用来将青色或红色、品红或绿色、黄色或蓝色添加到位图中选定的色调中。

➢ 【伽玛值】命令：用来在较低对比度区域中强化细节而不会影响阴影或高光。

➢ 【色度/饱和度/亮度】命令：用来调整位图中的色频通道，并更改色谱中颜色的位置。这种效果使用户可以更改颜色及其浓度，以及图像中白色所占的百分比。

➢ 【所选颜色】命令：可以通过更改位图中红、黄、绿、青、蓝和品红色谱的 CMYK 印刷色百分比更改颜色。例如，降低红色色谱中的品红色百分比会使颜色偏黄。

➢ 【替换颜色】命令：可以使用一种位图颜色替换另一种位图颜色。会创建一个颜色遮罩来定义要替换的颜色。根据设置的范围，可以替换一种颜色或将整个位图从一个颜色范围变换到另一颜色范围。还可以为新颜色设置色度、饱和度和亮度。

➢ 【取消饱和】命令：用来将位图中每种颜色的饱和度降到零，移除色度组件，并将每种颜色转换为与其相对应的灰度。这将创建灰度黑白相片效果，而不会更改颜色模型。

➢ 【通道混合器】命令：可以混合色频通道以平衡位图的颜色。

【例 9-6】在 CorelDRAW X5 应用程序中，使用相关的调整命令调整图像。

(1) 在打开的绘图文件中，使用【选择】工具选中位图，选择【效果】|【调整】|【亮度/对比度/强度】命令，打开【亮度/对比度/强度】对话框，并单击对话框左上角的回按钮，如图 9-22 所示。

(2) 在对话框中，拖动【对比度】滑块调整数值为 25，拖动【强度】滑块调整数值为-5，单击【预览】按钮查看，如图 9-23 所示，然后单击【确定】按钮应用调整。

(3) 选择【效果】|【调整】|【色度/饱和度/亮度】命令，打开【色度/饱和度/亮度】对话框，单击对话框左上角的回按钮，如图 9-24 所示。

图 9-22 打开【亮度/对比度/强度】对话框

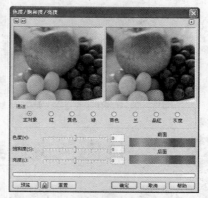

图 9-23 调整图像 　　　　　　　　　　图 9-24 打开【色度/饱和度/亮度】对话框

（4）在对话框中拖动【饱和度】滑块调整数值为 15，然后单击【确定】按钮应用图像调整，如图 9-25 所示。

图 9-25 调整图像

9.5 调整位图的色彩效果

CorelDRAW X5 允许用户将颜色和色调变换同时应用于位图图像。通过选择【效果】|

【变换】命令子菜单中的命令，用户可以变换对象的颜色和色调以产生各种特殊的效果。

➢ 【去交错】命令用于从扫描或隔行显示的图像中删除线条。

➢ 【反显】命令用于翻转对象的颜色，反显对象会形成摄影负片的外观，如图 9-26 所示。

图 9-26　反显

➢ 【极色化】命令可以将图像中的颜色范围转换成纯色色块，使图像简单化，常用于减少图像中的色调值数量。

9.6　调整位图色斑效果

【校正】命令可以通过更改图像中的相异像素来减少杂色。选取位图图像后，选择【效果】|【校正】|【尘埃与刮痕】命令，打开【尘埃与刮痕】对话框进行参数设置，然后单击【确定】按钮即可调整图像，如图 9-27 所示。

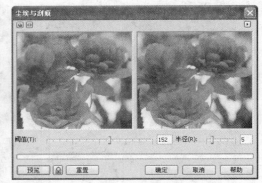

图 9-27　尘埃与刮痕

9.7　更改位图的颜色模式

颜色模式是指图像在显示与打印时定义颜色的方式。如果要更改位图的颜色模式，选择【位图】|【模式】菜单命令，在打开的其子菜单中选择相关命令即可。

§ 9.7.1　黑白模式

应用黑白模式，位图只显示为黑白色。这种模式可以清楚地显示位图的线条和轮廓图，适用于一些简单的图形图像。

选择【位图】|【模式】|【黑白】命令，打开【转换为 1 位】对话框，如图 9-28 所示。

提示

在【转换为 1 位】对话框中选择了不同的转换方法后，所出现在对话框中的选项也会发生相应的改变。用户可以根据实际需要对画面效果进行调整。

图 9-28　【转换为 1 位】对话框

➢ 【转换方法】下拉列表：单击该下拉列表，可以选择转换方法。选择不同的转换方法，位图的黑白效果各不相同，如图 9-29 所示。

➢ 【屏幕类型】下拉列表：单击该下拉列表，可以选择屏幕类型选项。

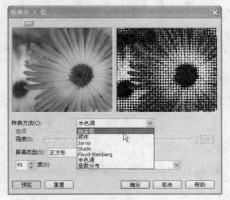 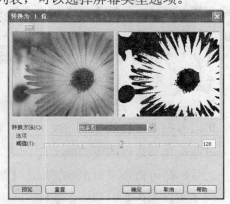

图 9-29　转换为黑白模式

§ 9.7.2　灰度模式

灰度色彩模式使用亮度(L)来定义颜色，颜色值的定义范围为 0～255。灰度模式是没有彩色信息的，可应用于作品的黑白印刷。应用灰度模式后，可以去掉图像中的色彩信息，只保留 0~255 的不同级别的灰度颜色，因此图像中只有黑、白、灰的颜色显示。

使用【选择】工具选中对象，然后选择【位图】|【模式】|【灰度】命令，即可将图像转换为灰度效果。

§ 9.7.3 双色模式

双色模式包括单色调、双色调、三色调和四色调4种类型，可以使用1~4种色调构成图像色彩。选择【位图】|【模式】|【双色】命令，打开如图9-30所示的【双色调】对话框，在该对话框的【类型】下拉列表中，可以选择双色模式的类型。

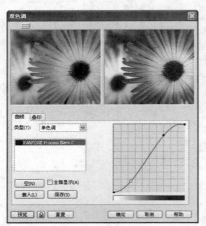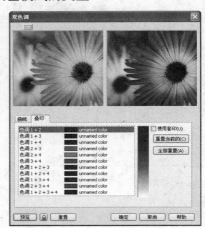

图 9-30 【双色调】对话框

【双色调】对话框包括【曲线】和【叠印】选项卡。在【曲线】选项卡下，可以设置灰度级别的色调类型和色调曲线弧度，其中主要包括以下几个选项。

> ➢ 【类型】下拉列表：选择色调的类型，有单色调、双色调、三色调和四色调4个选项。

> ➢ 【颜色列表】：显示了目前色调类型中的颜色。单击选择一种颜色，在右侧窗口中可以看到该颜色的色调曲线。在色调曲线上单击鼠标，可以添加一个调节节点，通过拖动该节点可改变曲线上这一点的颜色百分比。将节点拖动到色调曲线编辑窗口之外，即可将该节点删除。双击【颜色列表】中的颜色块或颜色名称，可以在弹出的【选择颜色】对话框中选择其他的颜色。

> ➢ 【空】按钮：单击该按钮，可以使色调曲线编辑窗口中保持默认的未调节状态。

> ➢ 【全部显示】复选框：选中该复选框，可显示目前色调类型中所有的色调曲线。

> ➢ 【装入】按钮：单击该按钮，在弹出的【加载双色调文件】对话框中，可以选择软件为用户提供的双色调样本设置。

> ➢ 【保存】按钮：单击该按钮，可以保存目前的双色调设置。

> ➢ 【预览】按钮：单击该按钮，可以显示图像的双色调效果。

> ➢ 【重置】按钮：单击该按钮，可以恢复对话框的默认状态。

> ➢ 【曲线框】：在曲线框中，可通过设置曲线形状来调节图像的颜色。

§9.7.4 调色板模式

【调色板】模式最多能够使用 256 种颜色来保存和显示图像。位图转换为调色板模式后，可以减小文件的大小。系统提供了不同的调色板类型，用户也可以根据位图中的颜色来创建自定义调色板。如果要精确地控制调色板所包含的颜色，还可以在转换时指定使用颜色的数量和灵敏度范围。

选择【位图】|【模式】|【调色板】命令，打开【转换至调色板色】对话框，该对话框包括【选项】、【范围的灵敏度】和【已处理的调色板】选项卡，如图 9-31 所示。

图 9-31 【转换至调色板色】对话框

在【选项】选项卡中，各选项的功能如下。

> ➢ 【平滑】滑块：设置颜色过渡的平滑程度。
> ➢ 【调色板】下拉列表：选择调色板的类型。
> ➢ 【递色处理的】下拉列表：选择图像抖动的处理方式。
> ➢ 【颜色】文本框：在【调色板】中选择【适应性】和【优化】两种调色板类型后，可以在【颜色】文本框中设置位图的颜色数量。

在【范围的灵敏度】选项卡中，可以设置转换颜色过程中某种颜色的灵敏程度。

> ➢ 【所选颜色】选项组：首先在【选项】选项卡的【调色板】下拉列表中选择【优化】类型，选中【颜色范围灵敏度】复选框，单击其右边的颜色下拉按钮，在弹出的颜色列表中选择一种颜色或单击 按钮，吸取图片上的颜色，此时在【范围的灵敏度】选项卡内的【所选颜色】中即可将吸取的颜色显示出来。
> ➢ 【重要性】滑块：用于设置所选颜色的灵敏度范围。
> ➢ 【亮度】滑块：该选项用来设置颜色转换时，亮度、绿红轴和蓝黄轴的灵敏度。

§9.7.5 RGB 模式

RGB 色彩模式中的 R、G、B 分别代表红色、绿色和蓝色的相应值，3 种色彩叠加形成

其他的色彩，也就是真色彩，RGB 颜色模式的数值设置范围为 0~255。在 RGB 颜色模式中，当 R、G、B 值均为 255 时，显示为白色；当 R、G、B 值均为 0 时，显示为纯黑色，因此也称之为加色模式。选择【位图】|【模式】|【RGB 颜色】命令，即可将图像转换为 RGB 颜色模式。

§ 9.7.6 Lab 模式

Lab 色彩模式是国际色彩标准模式，它能产生与各种设备匹配的颜色，还可以作为中间色实现各种设备颜色之间的转换。选择【位图】|【模式】|【Lab 色】命令，即可将图像转换为 Lab 颜色模式。

 提示

> Lab 色彩模式在理论上说，包括了人眼可见的所有色彩，它所能表现的色彩范围比任何色彩模式都更广泛。当 RGB 和 CMYK 两种模式互相转换时，最好先转换为 Lab 色彩模式，这样可以减少转换过程中颜色的损耗。

§ 9.7.7 CMYK 模式

CMYK 色彩模式中的 C、M、Y、K 分别代表青色、品红、黄色和黑色的相应值，各色彩的设置范围均为 0%～100%，四色色彩混合能够产生各种颜色。在 CMYK 颜色模式中，当 C、M、Y、K 值均为 100 的时候，结果为黑色；当 C、M、Y、K 值均为 0 时，结果为白色。选中位图后，选择【位图】|【模式】|【CMYK 色】命令，即可将图像转换为 CMYK 模式。

 提示

> 任何颜色的转换都会将位图转移为另外的颜色空间，所以在转换颜色模式时，会导致一些信息丢失。其中将 RGB 模式转换为 CMYK 模式较明显。因为 RGB 模式的颜色空间比 CMYK 模式颜色空间大，转换后高光部分可能会变暗，这些改变无法恢复。

9.8 描摹位图

CorelDRAW 中除了具备矢量图转换为位图的功能外，同时还具备了位图转换为矢量图的功能。通过描摹位图命令，即可将位图按不同的方式转换为矢量图形。在实际工作中，应用描摹位图功能，可以帮助用户提高编辑图形的工作效率，如在处理扫描的线条图案、徽标、艺术形体字或剪贴画时，可以先将这些图像转换为矢量图，然后在转换后的矢量图基础上作相应的调整和处理，即可省去重新绘制的时间，以最快的速度将其应用到设计中。

§ 9.8.1　快速描摹位图

使用【快速描摹】命令，可以一步完成位图转换为矢量图的操作。选择需要描摹的位图，然后选择【位图】|【快速描摹】命令，或单击属性栏中的【描摹位图】按钮，从弹出的下拉列表中选择【快速描摹】命令，即可将选择的位图转换为矢量图，如图9-32所示。

图 9-32　快速描摹

§ 9.8.2　中心线描摹位图

【中心线描摹】又称为【笔触描摹】，它使用未填充的封闭和开放曲线(如笔触)来描摹图像。此种方式适用于描摹线条图纸、施工图、线条画和拼版等。【中心线描摹】方式提供了【技术图解】和【线条画】两种预设样式，用户可以根据所要描摹的图像内容选择适合的描摹样式。选择【技术图解】样式，可以使用很细很淡的线条描摹黑白图解；选择【线条画】样式，可以使用很粗且很突出的线条描摹黑白草图。

§ 9.8.3　轮廓描摹位图

【轮廓描摹】又称为【填充描摹】，使用无轮廓的曲线对象来描摹图像，它适用于描摹剪贴画、徽标、相片图像、低质量和高质量图像。【轮廓描摹】方式提供了6种预设样式，包括线条画、徽标、详细徽标、剪贴画、低质量图像和高质量图像。

➢ 　线条画：描摹黑白草图和图解。

➢ 　徽标：描摹细节和颜色都较少的简单徽标。

➢ 　详细徽标：描摹包含精细细节和许多颜色的徽标。

➢ 　剪贴画：描摹根据细节量和颜色数不同的现成图形。

➢ 　低质量图像：描摹细节不足(或包括要忽略的精细细节)的相片。

➢ 　高质量图像：描摹高质量、超精细的相片。

选择需要描摹的位图，然后选择【位图】|【轮廓描摹】命令，在展开的下一级子菜单中选择所需要的预设样式，然后在打开的 Power TRACE 控件窗口中调整描摹结果。调整完成

新世纪高职高专规划教材

后，单击【确定】按钮即可。

【例 9-7】在 CorelDRAW X5 应用程序中，使用【中心线描摹】命令描摹位图。

(1) 在打开的绘图文件中，选择需要描摹的位图，单击属性栏中的【描摹位图】按钮，从弹出的下拉列表中选择【轮廓描摹】|【高质量图像】命令，打开 Power TRACE 控件窗口，如图 9-33 所示。

图 9-33　Power TRACE 控件窗口

(2) 在 Power TRACE 对话框中，拖动【细节】滑块，设置【拐角平滑度】数值为 100，然后单击【确定】按钮描摹位图，如图 9-34 所示。

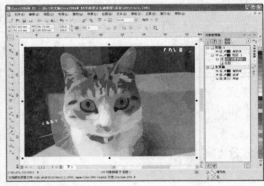

图 9-34　描摹位图

9.9　上机实战

本章的上机实战主要练习制作沿斜面移动的球体，使用户更好地掌握选择、变换、复制、对齐等基本操作方法和技巧，以及坐标系的使用方法。

(1) 选择【文件】|【新建】命令，新建一个 A4 的纵向空白文档。单击属性栏中的【导入】按钮，打开【导入】对话框选择位图图像，单击【导入】按钮，将图像导入到文档中，如图 9-35 所示。

图 9-35　导入位图

(2) 选择【形状】工具单击导入的位图。双击右下角节点删除该节点。单击左下角的节点，单击属性栏中的【转换为曲线】按钮，然后调整形状，如图 9-36 所示。

图 9-36　裁剪图像

(3) 选择【贝塞尔】工具绘制图形，并在调色板中单击 R=0、G=114、B=254 的色板填充图形，取消轮廓颜色，如图 9-37 所示。

(4) 使用【选择】工具选中图形，按 Ctrl+C 键复制绘制的图形，按 Ctrl+V 键粘贴图形，然后将光标放置在图形上方的控制点上，按下鼠标向下拖动翻转图形并调整图形大小，如图 9-38 所示。

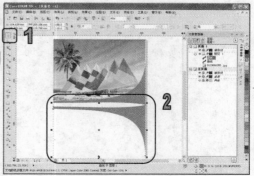

图 9-37　绘制图形　　　　　　图 9-38　复制图形

(5) 在调色板中单击 R=0、G=0、B=102 的色板填充图形，选择【调和】工具，在属性栏中设置【调和对象】数值为 10，然后使用【调和】工具在图形上拖动，如图 9-39 所示。

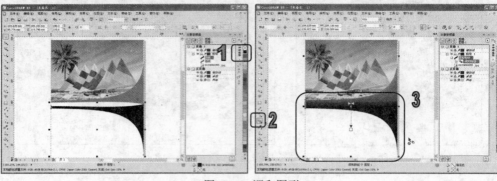

图 9-39　调和图形

(6) 选择【文件】|【另存为模板】命令，打开【保存绘图】对话框，将文档保存为模板。

9.10　习题

1. 如何将矢量图转换为位图？
2. 使用【轮廓描摹】方式，将如图 9-40 所示的位图图像转换为矢量图。

图 9-40　描摹位图

第10章

滤镜的应用

主要内容　在 CorelDRAW X5 中，提供了多种针对位图图像特殊效果的编辑处理命令和功能。了解和掌握这些命令的使用方法，可以使用户在处理位图图像时，制作出更加丰富多彩的画面效果。

本章重点

➤ 应用滤镜　　　　　　　　　　➤ 模糊效果
➤ 三维效果　　　　　　　　　　➤ 创造性效果
➤ 艺术笔触效果　　　　　　　　➤ 扭曲效果

10.1　应用滤镜效果

在 CorelDRAW X5 的【位图】菜单中，不同的滤镜效果按分类的形式被整合在一起，不同的滤镜可以产生不同的效果，恰当地使用这些效果，可以丰富画面效果。

§ 10.1.1　添加滤镜效果

在 CorelDRAW X5 中，添加滤镜效果的方法很简单。只需在选择位图图像后，单击【位图】菜单，在其中选择所要应用的滤镜组，然后在展开的滤镜组下一级子菜单中选择所需要的效果即可。

CorelDRAW 中的滤镜效果基本都提供有参数设置对话框。在选择所需要的滤镜效果后，会弹出相应的参数设置对话框，在其中设置好相关选项，并通过预览得到满意的效果后，单击对话框中的【确定】按钮，即可将该效果应用到所选的图像上。

【例 10-1】 在绘图文件中，添加滤镜效果。

（1）选中位图图像，在菜单栏中选择【位图】|【三维效果】|【卷页】命令，打开【卷页】对话框，并单击对话框右上角的 ▣ 按钮，如图 10-1 所示。

图 10-1　选中位图并打开【卷页】对话框

（2）单击右下角卷页按钮 ▢ ，拖动【宽度】滑块至 40，【高度】滑块至 90，然后单击【预览】按钮查看效果，单击【确定】按钮应用效果，如图 10-2 所示。

图 10-2　添加滤镜

§ 10.1.2　删除滤镜效果

在为图像应用滤镜效果后，如果对产生的图像效果不太满意，可以通过在 CorelDRAW 中的还原操作，将图像还原到应用滤镜效果前的状态。还原图像后，如果还需要应用该滤镜效果，可通过使用重做功能，将其恢复。

➤ 要撤销上一步应用滤镜的操作，选择【编辑】|【撤销】命令，或按下 Ctrl+Z 键，即可将图像还原到应用滤镜前的状态。

➤ 在还原图像后，如果未对图像进行其他的编辑和修改，可选择【编辑】|【重做】命

令，或按下 Shift+Ctrl+Z 键，将图像恢复到应用滤镜效果后的状态。

10.2　滤镜效果

在 CorelDRAW X5 的【位图】菜单中提供了多种类型的滤镜效果，包括三维效果、艺术笔触效果、模糊效果、相机效果等。

§ 10.2.1　三维效果

在 CorelDRAW X5 中，使用【三维效果】滤镜组可以为图形对象创建纵深感的效果。【三维效果】滤镜组包括：【三维旋转】、【柱面】、【浮雕】、【卷页】、【透视】、【挤远/挤近】和【球面】7 种滤镜命令。

1. 三维旋转

【三维旋转】滤镜用于将指定的图形对象沿水平和垂直旋转。在菜单栏中选择【位图】|【三维效果】|【三维旋转】命令，可以打开【三维旋转】对话框。在其中的【垂直】文本框和【水平】文本框中，可以分别设置垂直与水平旋转的角度，如图 10-3 所示。

图 10-3　使用【三维旋转】

2. 柱面

【柱面】滤镜用于产生将图片对象缠绕在一个柱面内侧或外侧拉伸的效果。在菜单栏中选择【位图】|【三维效果】|【柱面】命令，可以打开【柱面】对话框。在【柱面模式】选项区域中，可以选择柱面的方向；拖动【百分比】滑块，可以设置柱面内侧或外侧拉伸的效果，如图 10-4 所示。

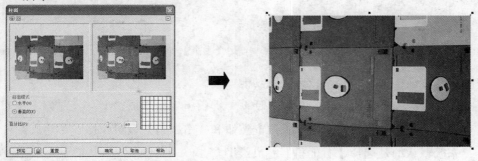

图 10-4　使用【柱面】

新世纪高职高专规划教材

3. 浮雕

【浮雕】滤镜用于让图片对象产生类似浮雕的效果。在菜单栏中选择【位图】|【三维效果】|【浮雕】命令，可以打开【浮雕】对话框，如图 10-5 所示。

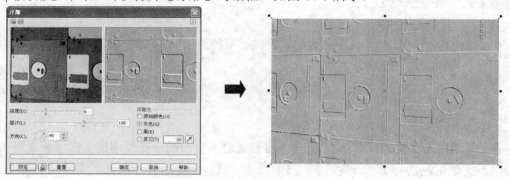

图 10-5　使用【浮雕】

【浮雕】对话框中各主要参数选项的功能如下。

- ➤ 【深度】选项：拖动滑块可以调整浮雕效果的深度。
- ➤ 【层次】选项：拖动滑块可以控制浮雕的效果，越往右拖浮雕效果越明显。
- ➤ 【方向】文本框：用来设置浮雕效果的方向。
- ➤ 【浮雕色】选项区域：在该选项区域中可以选择转换成浮雕效果后的颜色样式。

4. 卷页

【卷页】滤镜用于为图片对象创建出类似于纸张翻卷的视觉效果，该效果常用于对照片进行修饰时。在菜单栏中选择【位图】|【三维效果】|【卷页】命令，可以打开【卷页】对话框，如图 10-6 所示。

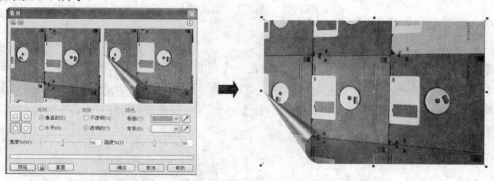

图 10-6　使用【卷页】

【卷页】对话框中各主要参数选项的功能如下。

- ➤ 【卷页类型】按钮：【卷页】对话框中提供了 4 种卷页类型，分别为【左上角】按钮、【右上角】按钮、【左下角】按钮和【右下角】按钮。打开【卷页】对话框时系统默认的是选择【右上角】卷页类型。
- ➤ 【定向】选项区域：该选项区域用于控制卷页的方向，可以设置卷页方向为水平或垂直方向。当选择【垂直的】单选按钮时，将会沿垂直方向创建卷页效果；当选择【水平】单选按钮时，将会沿水平方向创建卷页效果。

> 【纸张】选项区域：该选项区域用于控制卷页纸张的透明效果，用户可以设置不透明或透明。

> 【颜色】选项区域：用于控制卷页及其背景的颜色。【卷曲】选项右边的色样框，显示为当前所选择的卷页颜色，单击色样按钮右边的下三角按钮，将打开颜色选择器，从中可以选择所需的颜色；也可以从当前图像中选择一种颜色作为卷页的颜色，只需单击色样框右边的吸管工具按钮 🔎，然后在图像中所想要的颜色上单击即可。

> 【宽度】和【高度】选项：用于设置卷页的宽度和高度。

5. 透视

【透视】滤镜用于产生具有三维深度感的图形对象。在菜单栏中选择【位图】|【三维效果】|【透视】命令，可以打开【透视】对话框。在【类型】选项区域中选择【透视】单选按钮，则可以拖动节点来改变图片对象的三维效果；选择【切变】单选按钮，则会保持图形对象的原始大小和形状，然后拖动节点来移动或改变透视效果，如图 10-7 所示。

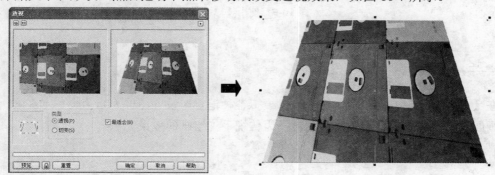

图 10-7　使用【透视】

6. 挤远/挤近

【挤远/挤近】滤镜用于产生具有三维深度感的图形对象。在菜单栏中选择【位图】|【三维效果】|【挤远/挤近】命令，可以打开【挤远/挤近】对话框。在对话框中向左拖动滑块则设置挤近效果；向右拖动滑块则设置挤远效果，如图 10-8 所示。

7. 球面

【球面】滤镜用于产生具有三维深度感的球面效果的图形对象。在菜单栏中选择【位图】|【三维效果】|【球面】命令，可以打开【球面】对话框。在对话框中调节滑块可以改变变形效果，向左拖动滑块，将会使变形中心周围的像素缩小，产生包围在球面内侧的效果；向右拖动滑块时，将使变形中心周围的像素放大，产生包围在球面外侧的效果，如图 10-9 所示。

新世纪高职高专规划教材

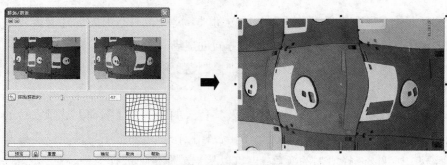

图 10-8 使用【挤远/挤近】

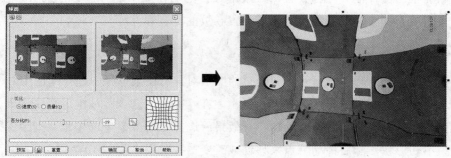

图 10-9 使用【球面】

§ 10.2.2 艺术笔触效果

在【艺术笔触】滤镜组中，用户可以模拟各种笔触，设置图像为蜡笔画、木炭画、刀刻画等画面效果。它们主要用于将位图转换为传统手工绘画的效果。

1. 炭笔画

使用【炭笔画】滤镜可以制作图像如木炭绘制的画面效果。用户在绘图页面中选择图像后，选择【位图】|【艺术笔触】|【炭笔画】命令，可以打开【炭笔画】对话框，如图 10-10所示。

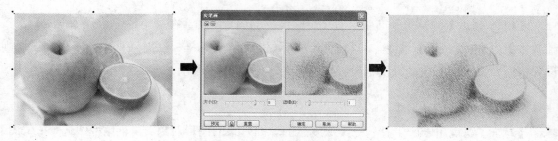

图 10-10 使用【炭笔画】

在【炭笔画】对话框中，各主要参数选项的作用如下。

➢ 　【大小】选项：用于控制炭粒的大小，其取值范围为 1～10。当取较大的值时，添加到图像上的炭粒较大；取较小的值时，炭粒较小。用户可以拖动该选项标尺上的滑块来调整炭粒的大小；也可以直接在右边的文本框中输入需要的数值。

➢ 【边缘】选项：用于控制勾边的层次，取值范围为 0～10。

2．蜡笔画

使用【蜡笔画】滤镜可以将图片对象中的像素分散，从而产生蜡笔绘画的效果。用户在绘图页面中选择图像后，在菜单栏中选择【位图】|【艺术笔触】|【蜡笔画】命令，打开【蜡笔画】对话框。在对话框中拖动【大小】滑块可以设置像素分散的稠密程度；拖动【轮廓】滑块可以设置图片对象轮廓显示的轻重程度，如图 10-11 所示。

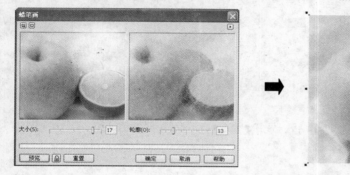

图 10-11　使用【蜡笔画】

3．点彩派

【点彩派】命令可以将图像制作成由大量颜色点组成的图像效果。选取位图后，选择【位图】|【艺术笔触】|【点彩派】命令，打开【点彩派】对话框。在对话框中，设置好各项参数后，单击【确定】按钮即可，如图 10-12 所示。

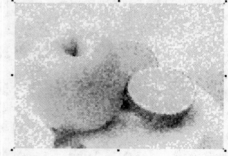

图 10-12　使用【点彩派】

4．素描

使用【素描】滤镜可以使图像产生如素描、速写等手工绘画的效果。用户在绘图页面中选择图像后，在菜单栏中选择【位图】|【艺术笔触】|【素描】命令，打开【素描】对话框，如图 10-13 所示。

在【素描】对话框中，各主要参数选项的作用如下。

➢ 【铅笔类型】选项区域：选择【碳色】单选按钮可以创建黑白图片对象；选择【颜

色】单选按钮则可以创建彩色图片对象。

> 【样式】选项：用于调整素描对象的平滑度，数值越大，画面就越光滑。

> 【压力】选项：用于调节笔触的软硬程度，数值越大，笔触就越软，画面越精细。

> 【轮廓】选项：用于调节素描对象的轮廓线宽度，数值越大，轮廓线就越明显。

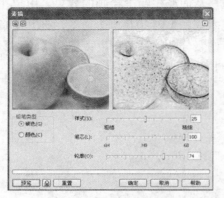
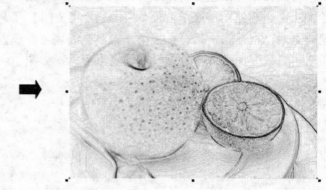

图 10-13　使用【素描】

5. 水彩画

使用【水彩画】滤镜命令可以使图像产生水彩画效果。用户选中位图后，选择【位图】|【艺术笔触】|【水彩画】命令，打开如图 10-14 所示的【水彩画】对话框。

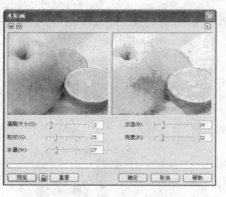

图 10-14　使用【水彩画】

在【水彩画】对话框中，各主要参数选项的作用如下。

> 【画刷大小】选项：用于设置画面中的笔触效果。其取值范围为 1～10，数值越小，笔触越细腻，越能表现图像中更多细节。

> 【粒状】选项：用于设置笔触的间隔。其取值范围为 1～100，数值越大，笔触颗粒间隔越大，画面越粗糙。

> 【水量】选项：用于设置画刷中的含水量。其取值范围为 1～100，数值越大含水量越高，画面越柔和。

> 【出血】选项：用于设置画刷的速率。其取值范围为 1～100，数值越大，速率越大，

笔画间的融合程度也就越高，画面的层次也就越不明显。

> 　　【亮度】选项：用于设置图像中的光照强度。其取值范围为 1～100，数值越大，光照越强。

§ 10.2.3　模糊效果

使用模糊效果，可以使图像画面柔化、边缘平滑、颜色调和。其中，效果比较明显的是高斯模糊、动态模糊和平滑模糊效果。

1. 高斯式模糊

使用【高斯式模糊】滤镜可以使图像按照高斯分布曲线产生一种朦胧的效果。这种滤镜按照高斯钟形曲线来调节像素的色值，可以改变边缘比较锐利的图像的品质，提高边缘参差不齐的位图的图像质量。

想要应用【高斯式模糊】滤镜效果，可在选中位图后，选择【位图】|【模糊】|【高斯式模糊】命令，打开【高斯式模糊】对话框。在该对话框中，【半径】选项用于调节和控制模糊的范围和强度。用户可以直接拖动滑块或在文本框中输入数值设置模糊范围。该选项的取值范围为 0.1～250.0。数值越大，模糊效果越明显。如图 10-15 所示。

图 10-15　使用【高斯式模糊】

2. 动态模糊

【动态模糊】滤镜可以将图像沿一定方向创建镜头运动所产生的动态模糊效果。选取位图后，选择【位图】|【模糊】|【动态模糊】命令，打开【动态模糊】对话框，在其中设置好各项参数后，单击【确定】按钮即可，如图 10-16 所示。

3. 缩放

【缩放】滤镜可以从图像的某个点往外扩散，产生爆炸的视觉冲击效果。选取位图后，选择【位图】|【模糊】|【缩放】命令，打开【缩放】对话框，在其中设置好【数量】值后，单击【确定】按钮即可，如图 10-17 所示。

新世纪高职高专规划教材

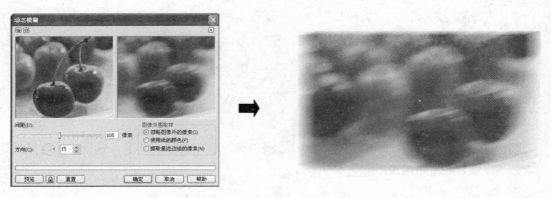

图 10-16　使用【动态模糊】

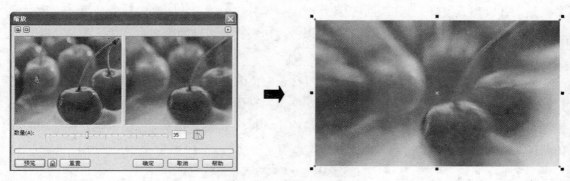

图 10-17　使用【缩放】

§ 10.2.4　颜色转换效果

　　【颜色转换】滤镜组主要用于转换位图中的颜色。该组滤镜包括【位平面】、【半色调】、【梦幻色调】和【曝光】4 种滤镜命令。下面就将介绍最常用的【半色调】与【曝光】滤镜。

1. 半色调

　　使用【半色调】滤镜可以使图像产生彩色网点的效果。在选取位图后，选择【位图】|【颜色变换】|【半色调】命令，打开【半色调】对话框。在其中设置好各项参数后，单击【确定】按钮即可，如图 10-18 所示。

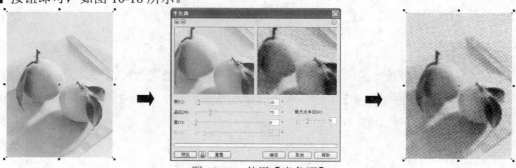

图 10-18　使用【半色调】

> 分别拖动【青】、【品红】、【黄】滑块，可设置青、品红、黄 3 种颜色在色块平面中的比例。

> 【最大点半径】滑块用于设置构成半色调图像中最大点的半径，数值越大，半径越大。

2. 曝光

使用【曝光】滤镜可以转换位图的颜色为相片底片的颜色，并且可以控制曝光的强度以产生不同的曝光效果。

要应用【曝光】滤镜效果，先在绘图页面中选择图像，再选择【位图】|【颜色变换】|【曝光】命令，打开【曝光】对话框。在该对话框中，可以拖动【层次】滑块设置图像曝光效果的强度。其数值越大，曝光强度也越大，如图 10-19 所示。

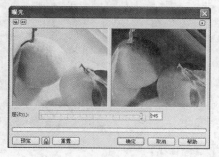

图 10-19　使用【曝光】

§ 10.2.5　轮廓图效果

使用【轮廓图】滤镜组中的滤镜命令，可以勾勒图像的边缘线，显示为一种素描效果。下面以【边缘检测】滤镜命令为例进行说明。

想要应用【边缘检测】滤镜效果，可在选中位图后，选择【位图】|【轮廓图】|【边缘检测】命令，打开【边缘检测】对话框。在【边缘检测】对话框中，可以设置背景的颜色，选择白色或黑色，也可以打开【其他】选项的样色下拉列表框进行选择；如果对所罗列的颜色不满意，可以单击样色下拉列表框中的【其他】按钮，打开【选择颜色】对话框选择或编辑颜色；用户还可以通过使用吸管工具在图像中选取颜色。另外，用户可以设置【灵敏度】选项的数值来确定检测的灵敏度，灵敏度数值越高，检测边缘效果越精确。如图 10-20 所示。

图 10-20　使用【边缘检测】

新世纪高职高专规划教材

§ 10.2.6　创造性效果

应用【创造性】滤镜可以为图像添加各种具有创意的画面效果。该滤镜组包含了【工艺】、【晶体化】、【织物】、【框架】、【玻璃砖】、【儿童游戏】、【马赛克】、【粒子】、【散开】、【茶色玻璃】、【彩色玻璃】、【虚光】、【漩涡】及【天气】共 14 种滤镜效果。

1. 晶体化

【晶体化】命令可以使位图图像产生类似于晶体块状组合的画面效果。选取位图后，选择【位图】|【创造性】|【晶体化】命令，打开【晶体化】对话框，拖动【大小】滑块设置晶体化的大小参数后，单击【确定】按钮即可，如图 10-21 所示。

图 10-21　使用【晶体化】

2. 框架

【框架】命令可以使图像边缘产生艺术的抹刷效果。选取位图后，选择【位图】|【创造性】|【框架】命令，打开【框架】对话框，如图 10-22 所示。

图 10-22　使用【框架】

> ➢　【选择】选项卡：可以选择不同的框架样式。
> ➢　【修改】选项卡：可以对选择的框架样式进行修改。

【例 10-2】使用【框架】滤镜添加图像效果。

(1) 在打开的绘图文件中，使用【选择】工具选中位图图像，如图 10-23 所示。

(2) 选择【位图】|【创造性】|【框架】命令，打开【框架】对话框，单击对话框右上角的回按钮，再单击【预览】按钮，如图 10-24 所示。

图 10-23　选中图像

图 10-24　使用【框架】

(3) 单击【修改】选项卡，打开【修改】选项卡，在【缩放】选项组中，拖动【水平】滑块至 140，拖动【垂直】滑块至 115，然后单击【确定】按钮，应用【框架】滤镜，如图 10-25 所示。

图 10-25　修改框架

3．马赛克

【马赛克】命令可以使位图图像产生类似于马赛克拼接成的画面效果。选取位图后，选择【位图】|【创造性】|【马赛克】命令，打开【马赛克】对话框，在其中设置好【大小】参数、背景色，并选中【虚光】复选框后，单击【确定】按钮即可，如图 10-26 所示。

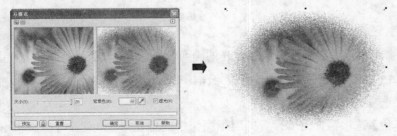

图 10-26　使用【马赛克】

4．粒子

【粒子】命令可以在图像上添加星点或气泡的效果。选取位图后，选择【位图】|【创造

新世纪高职高专规划教材

性】|【粒子】命令，打开【粒子】对话框，设置好各项参数后，单击【确定】按钮即可，如图 10-27 所示。

图 10-27　使用【粒子】

5. 散开

　　【散开】命令可以使位图对象散开成颜色点的效果。选取位图后，选择【位图】|【创造性】|【散光】命令，打开如图 10-28 所示的【散开】对话框，设置好【水平】和【垂直】参数后，单击【确定】按钮即可。

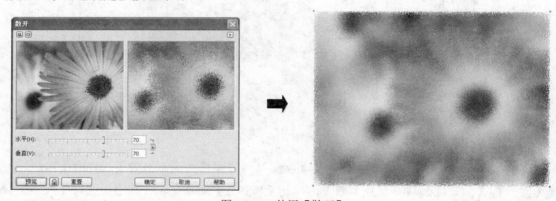

图 10-28　使用【散开】

6. 虚光

　　【虚光】命令可以使图像周围产生虚光的画面效果，【虚光】对话框设置如图 10-29 所示。

> 　　【颜色】选项组：用于设置应用与图像中的虚光颜色，包括【黑】、【白】和【其他】选项。

> 　　【形状】选项组：用于设置应用于图像中的虚光形状，包括【椭圆】、【圆形、【矩形】和【正方形】选项。

> 　　【调整】选项组：用于设置虚光的偏移距离和虚光的强度。

新世纪高职高专规划教材

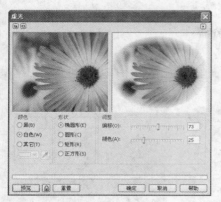

图 10-29　使用【虚光】

7. 天气

【天气】命令可以在位图图像内部模拟雨、雪、雾的天气效果。【天气】对话框如图 10-30 所示。

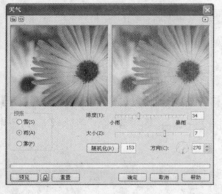

图 10-30　使用【天气】

- ➢ 【预报】选项组：可以设置添加的天气类型。
- ➢ 【浓度】滑块：用于设置天气效果的浓度。
- ➢ 【大小】滑块：用于设置雨点或雪花的大小。
- ➢ 【随机化】按钮：单击该按钮，在旁边的文本框中会出现相应的随机数，图像中的效果元素将根据这个数值进行随机分布，用户也可以对该文本框进行手动设置。

§ 10.2.7　扭曲效果

使用【扭曲】滤镜组中的各种滤镜，可以对图像创建扭曲变形的效果。此滤镜组中包含了【块状】、【置换】、【偏移】、【像素】、【龟纹】、【旋涡】、【平铺】、【湿笔画】、【涡流】以及【风吹】效果共 10 种滤镜效果。

新世纪高职高专规划教材

1. 置换

【置换】命令可以使图像被预置的波浪、星形或方格等图形置换出来，产生特殊的效果。选取位图后，选择【位图】|【扭曲】|【置换】命令，打开如图 10-31 所示的【置换】对话框。

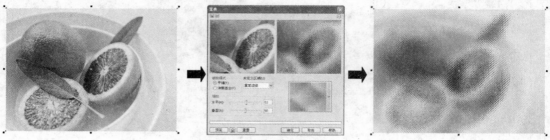

图 10-31　使用【置换】

- ➤ 【缩放模式】选项组：可选择【平铺】或【伸展适合】的缩放模式。
- ➤ 【未定义区域】下拉列表：可选择【重复边缘】或【环绕】选项。
- ➤ 【缩放】选项组：拖动【水平】或【垂直】滑块可调整置换的大小密度。
- ➤ 【置换样式】列表框：可选择程序提供的置换样式。

2. 偏移

【偏移】命令可以使图像产生画面对象的位置偏移效果。选取位图后，选择【位图】|【扭曲】|【偏移】命令，打开【偏移】对话框，在其中设置好各项参数后，单击【确定】按钮即可，如图 10-32 所示。

图 10-32　使用【偏移】

3. 龟纹

【龟纹】命令可以使图像按照设置，对位图中的像素进行颜色混合，产生畸变的波浪效果，如图 10-33 所示。

- ➤ 【主波纹】选项组：拖动【周期】和【振幅】滑块，可调整纵向波动的周期及振幅。
- ➤ 【优化】选项组：可以单击【速度】或【质量】单选按钮。

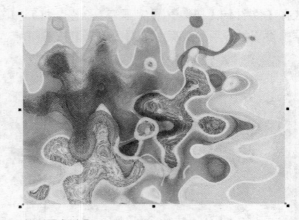

图 10-33　使用【龟纹】

> ➢ 【垂直波纹】复选框：选中该复选框，可以为图像添加正交的波纹，拖动【振幅】
> 滑块，可以调整正交波纹的振动幅度。
> ➢ 【扭曲龟纹】复选框：选中该复选框，可以使位图中的波纹发生变形，形成干扰波。
> ➢ 【角度】拨盘：可以设置波纹的角度。

4．旋涡

使用【旋涡】命令可以使图像产生顺时针或逆时针的旋涡变形效果。选取位图后，选择
【位图】|【扭曲】|【旋涡】命令，打开【旋涡】对话框，在该对话框中设置好各项参数后，
单击【确定】按钮即可，如图 10-34 所示。

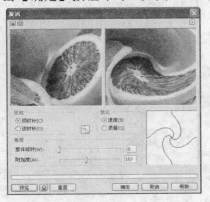

图 10-34　使用【旋涡】

> ➢ 【定向】选项组：可以选择【顺时针】选项或【逆时针】选项作为旋涡效果的旋转
> 方向。
> ➢ 【优化】选项组：可以选择【速度】选项和【质量】选项。
> ➢ 【角度】选项组：可以通过滑动【整体旋转】滑块和【附加度】滑块来设置旋涡效果。

5．湿画笔

【湿画笔】命令可以使图像产生类似于油漆未干时，往下流淌的画面效果。选取位图后，

新世纪高职高专规划教材

选择【位图】|【扭曲】|【湿画笔】命令，打开如图 10-35 所示的【湿画笔】对话框，在对话框中设置好各项参数后，单击【确定】按钮即可。

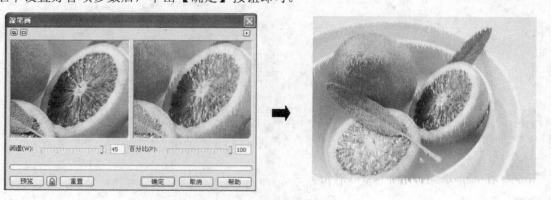

图 10-35　使用【湿画笔】

> 　　【润湿】滑块：拖动其滑块，可以设置图像中各个对象的油滴数目。数值为正时，从上往下流；数值为负时，则从下往上流。

> 　　【百分比】滑块：拖动该滑块，可以设置油滴的大小。

　　6.　风吹效果

　　使用【风吹效果】命令可以使图像产生类似于被风吹过的画面效果。用户可在选取位图后，选择【位图】|【扭曲】|【风吹效果】命令，打开【风吹效果】对话框。在该对话框中，设置【浓度】选项数值确定风吹的强度效果；设置【不透明】选项数值确定不透明度效果；设置【角度】选项数值确定风吹的方向。设置完成后，单击【确定】按钮即可。如图 10-36 所示。

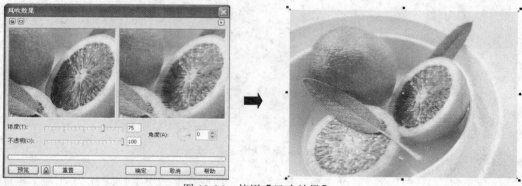

图 10-36　使用【风吹效果】

10.3　上机实战

　　本章的上机实战主要练习制作贺卡，使用户熟练掌握导入位图图像的操作方法，位图图像的特殊效果处理以及图像的裁剪等编辑操作的方法和技巧。

(1) 新建绘图文件，选择【文件】|【导入】命令，打开【导入】对话框。在对话框中，选择需要导入的位图文件，然后单击【导入】按钮，并在绘图文件中单击导入图像，如图 10-37 所示。

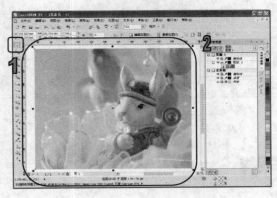

图 10-37　导入图像

(2) 选择【位图】|【艺术笔触】|【水彩画】命令，在打开的【水彩画】对话框中，设置【画刷大小】数值为 2，【粒状】数值为 25，【水量】数值为 27，【出血】数值为 24，【亮度】数值为 22，然后单击【确定】按钮应用，如图 10-38 所示。

(3) 选择工具箱中的【矩形】工具，在绘图文件中拖动绘制一个矩形，并在调色板中将填充和轮廓颜色设置为白色，然后在属性栏中设置边角圆滑度数值为 10，如图 10-39 所示。

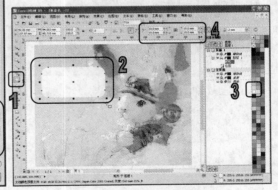

图 10-38　应用【水彩画】　　　　　　图 10-39　绘制图形

(4) 选择【透明度】工具，在属性栏的【透明度类型】下拉列表中选择【标准】，【透明度操作】下拉列表中选择【如果更暗】，如图 10-40 所示调整图形。

(5) 选择【文本】工具，在属性栏中设置字体样式和字体大小，然后在绘图文件中单击输入文字内容，并使用【选择】工具调整文字位置，如图 10-41 所示。

新世纪高职高专规划教材

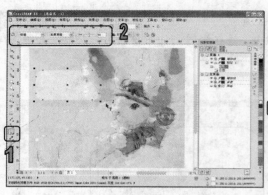
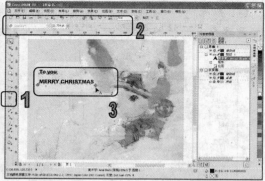

图 10-40　设置透明度　　　　　　　　　　图 10-41　输入文字

10.4　习题

1. 使用【位图】|【颜色转换】|【半色调】命令调整如图 10-42 所示的图像效果。
2. 制作如图 10-43 所示的贺卡效果。

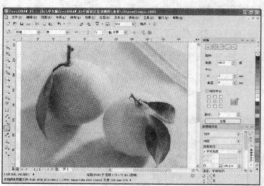

图 10-42　图像效果　　　　　　　　　　图 10-43　贺卡效果

第11章

表 格 应 用

主要内容　　在 CorelDRAW X5 中，可以根据需要导入或创建表格，并且可以编辑表格的样式。使用表格有利于用户方便地规划设计版面布局，添加图像和文字。

本章重点
- ➤ 添加表格
- ➤ 导入表格
- ➤ 编辑表格
- ➤ 选择、移动和浏览表格组件
- ➤ 文本与表格的转换
- ➤ 向表格添加图形、图像

11.1　添加表格

【表格】工具是 CorelDRAW X5 中非常实用的工具，其使用方法与 Word 中的表格工具类似。使用该工具不仅可以绘制一般的数据表格，也可以用于设计绘图版面。创建表格后，还可以对其进行各种编辑、添加背景和文字等。

要在绘图文件中添加表格，先选择工具箱中的【表格】工具，然后在绘图窗口中按下鼠标左键，并沿对角线方向拖动鼠标，即可绘制表格。

在选择【表格】工具后，可以通过属性栏设置表格属性。用户也可以在绘制表格后，再选中表格或部分单元格，通过【表格】工具属性栏，修改整个表格或部分单元格的属性，如图 11-1 所示。

图 11-1　【表格】工具属性

- ➤ 【表格中的行数和列数】数值框：可以设置表格的行数和列数。
- ➤ 【背景】下拉列表：在弹出的下拉列表中可以选择所需要的颜色，如图 11-2 所示。

在设置表格背景颜色后，单击属性栏中的【编辑填充】按钮，在弹出的【均匀填充】对话框中，可以编辑和自定义所需要的表格背景颜色。

➢ 【边框】选项：用于修改边框的宽度、颜色和线条样式等。单击该按钮，在弹出的下拉列表中，可以选择所需要修改的边框，如图 11-3 所示。指定需要修改的边框后，所设置的边框属性只对指定的边框起作用。在【修改边框宽度】数值框中可以对网格边框的宽度进行设置。单击边框颜色选取器，可以设置边框颜色。单击【轮廓笔】按钮，可以打开【轮廓笔】对话框修改表格边框的轮廓属性。

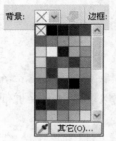

图 11-2 　【背景】选项

图 11-3 　【边框】选项

➢ 【选项】按钮：单击该按钮，可以打开下拉面板，如图 11-4 所示。选中【在键入时自动调整单元格大小】复选框，系统将会根据输入文字的多少自动调整单元格的大小，以显示全部文字。选中【单独的单元格边框】复选框，然后在【水平单元格间距】数值框中输入数值，可以修改表格中的单元格边框间距。默认状态下，垂直单元格间距与水平单元格间距相等。如果要单独设置水平和垂直单元格间距，可单击【锁定】按钮，解除【水平单元格间距】和【垂直单元格间距】间的锁定状态，然后在【水平单元格间距】和【垂直单元格间距】数值框中输入所需的间距值。

技巧

另外，用户也可以通过选择菜单栏中的【表格】|【创建新表格】命令，然后在【创建新表格】对话框中的【行数】、【列数】、【高度】以及【宽度】数值框中键入相关数值，来创建表格，如图 11-5 所示。

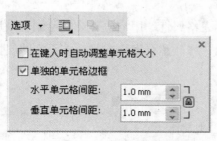

图 11-4 　【选项】选项

图 11-5 　【创建新表格】对话框

【例 11-1】在绘图文件中，创建表格。

(1) 选择菜单栏中的【表格】|【创建新表格】命令，打开【创建新表格】对话框。在对话框中，设置【行数】为 4、【栏数】为 5、【高度】为 80mm，【宽度】为 200mm，然后单击【确定】按钮创建表格，如图 11-6 所示。

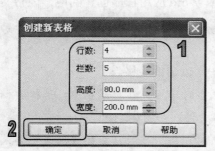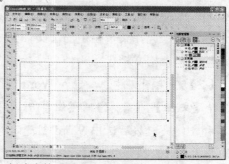

图 11-6　创建表格

(2) 在属性栏中，单击【边框】下拉列表，选中【外部】选项。设置【轮廓宽度】数值为 2pt，单击【轮廓颜色】下拉面板设置颜色为红色，如图 11-7 所示。

(3) 在属性栏中，单击【边框】下拉列表，选中【内部】选项，并单击【轮廓笔】按钮，打开【轮廓笔】对话框。在对话框的【颜色】下拉列表中设置颜色为红色，在【样式】下拉列表中选择一种线条样式，然后单击【确定】按钮应用，如图 11-8 所示。

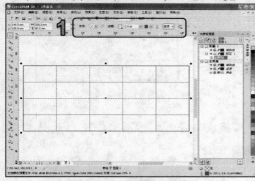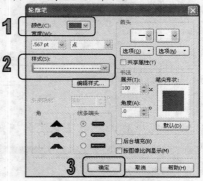

图 11-7　设置外部轮廓　　　　　　　　图 11-8　设置内部轮廓

(4) 在属性栏中，单击【背景】下拉面板，设置背景样色为浅黄色，填充表格背景，如图 11-9 所示。

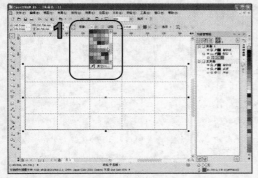

图 11-9　填充表格

新世纪高职高专规划教材

11.2 导入表格

使用 CorelDRAW X5 中，用户可以将 Excel 或 Word 应用程序创建的电子表格文档导入到绘图中创建表格。选择菜单栏中的【文件】|【导入】命令，在打开的【导入】对话框中选择需要导入的电子表格文档。

【例 11-2】在绘图文件中，导入 Word 应用程序创建的表格。

(1) 选择【文件】|【导入】命令，打开【导入】对话框。在对话框中，选择存储文本文件的驱动器和文件夹，然后选中 Word 创建的表格文件，如图 11-10 所示。

(2) 单击【导入】按钮打开【导入/粘贴文本】对话框。在对话框的【将表格导入为】下拉列表框中选择【表格】，并选中【保持字体和格式】单选按钮，如图 11-11 所示。

图 11-10　选择 Word 文档

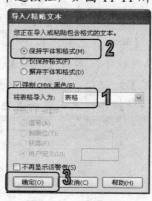

图 11-11　设置导入

(3) 设置完成后，单击【确定】按钮，即可将表格导入到绘图文件中，如图 11-12 所示。

提示

【保持字体和格式】单选按钮用于导入应用于文本的所有字体和格式。【仅保持格式】用于导入应用于文本的所有格式。【摒弃字体和格式】用于忽略应用于文本的所有字体和格式。

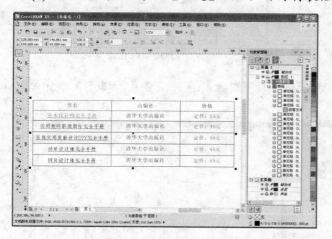

图 11-12　导入表格

11.3 编辑表格

使用【表格】工具创建表格后，用户还可以更改表格的属性和格式、合并和拆分单元格、在表格中插入行或列等，轻松创建所需要的表格类型。

§ 11.3.1 选择、移动和浏览表格组件

要编辑表格必须先选择表格、表格行、表格列或表格单元格，然后才能进行插入行或列、更改表格边框属性、添加背景填充颜色或编辑其他表格属性等操作。用户可以将选定的行和列移至表格中的新位置；也可以从一个表格中复制或剪切一行或列，然后将其粘贴到另一个表格中。

1. 选择表格组件

在处理表格的过程中，都需要对要处理的表格、单元格、行或列进行选择。在 CorelDRAW 中选择表格内容，可以通过下列方法。

➢ 选择表格：选择【表格】|【选择】|【表格】命令。或将【表格】工具指针悬停在表格的左上角，直到出现对角箭头 ▚ 为止，然后单击鼠标，如图 11-13 所示。

➢ 选择行：在行中单击，然后选择【表格】|【选择】|【行】命令。或将【表格】工具指针悬停在要选择的行左侧的表格边框上，当水平箭头 ➡ 出现后，单击该边框选择此行，如图 11-14 所示

图 11-13　选择表格 　　　　　　　　　　　图 11-14　选择行

➢ 选择列：在列中单击，然后选择【表格】|【选择】|【列】命令。或将【表格】工具指针悬停在要选择的列的顶部边框上，当垂直箭头 ⬇ 出现后，单击该边框选择此列，如图 11-15 所示。

➢ 选择单元格：使用【表格】工具在单元格中单击，然后选择【表格】|【选择】|【单元格】命令；或将【表格】工具在单元格中单击然后按 Ctrl+A 键，来选择单元格，如图 11-16 所示。

新世纪高职高专规划教材

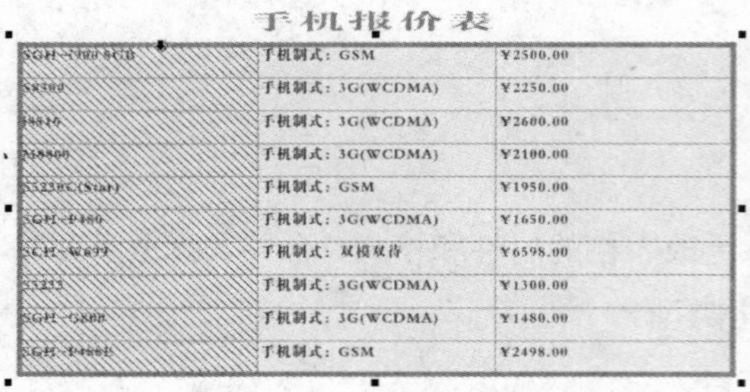

手机报价表

SGH-i900 8GB	手机制式：GSM	¥2500.00
S8300	手机制式：3G(WCDMA)	¥2250.00
i8510	手机制式：3G(WCDMA)	¥2600.00
M8800	手机制式：3G(WCDMA)	¥2100.00
S5230C(Star)	手机制式：GSM	¥1950.00
SGH-F480	手机制式：3G(WCDMA)	¥1650.00
SCH-W699	手机制式：双模双待	¥6598.00
S5233	手机制式：3G(WCDMA)	¥1300.00
SGH-G800	手机制式：3G(WCDMA)	¥1480.00
SGH-F488E	手机制式：GSM	¥2498.00

图 11-15　选择列

手机报价表

SGH-i900 8GB	手机制式：GSM	¥2500.00
S8300	手机制式：3G(WCDMA)	¥2250.00
i8510	手机制式：3G(WCDMA)	¥2600.00
M8800	手机制式：3G(WCDMA)	¥2100.00
S5230C(Star)	手机制式：GSM	¥1950.00
SGH-F480	手机制式：3G(WCDMA)	¥1650.00
SCH-W699	手机制式：双模双待	¥6598.00
S5233	手机制式：3G(WCDMA)	¥1300.00
SGH-G800	手机制式：3G(WCDMA)	¥1480.00
SGH-F488E	手机制式：GSM	¥2498.00

图 11-16　选择单元格

2. 移动表格组件

在创建表格后，可以将表格的行或列移动到该表格的其他位置，或其他表格中。选择要移动的行或列，将行或列拖动到表格中的其他位置即可，如图 11-17 所示。

手机报价表		
SGH-i900 8GB	手机制式：GSM	¥2500.00
S8300	手机制式：3G(WCDMA)	¥2250.00
i8510	手机制式：3G(WCDMA)	¥2600.00
M8800	手机制式：3G(WCDMA)	¥2100.00
S5230C(Star)	手机制式：GSM	¥1950.00
SGH-F480	手机制式：3G(WCDMA)	¥1650.00
SCH-W699	手机制式：双模双待	¥6598.00
S5233	手机制式：3G(WCDMA)	¥1300.00
SGH-G800	手机制式：3G(WCDMA)	¥1480.00
SGH-F488E	手机制式：GSM	¥2498.00

SGH-i900 8GB	手机制式：GSM	¥2500.00
S8300	手机制式：3G(WCDMA)	¥2250.00
i8510	手机制式：3G(WCDMA)	¥2600.00
M8800	手机制式：3G(WCDMA)	¥2100.00
S5230C(Star)	手机制式：GSM	¥1950.00
手机报价表		
SGH-F480	手机制式：3G(WCDMA)	¥1650.00
SCH-W699	手机制式：双模双待	¥6598.00
S5233	手机制式：3G(WCDMA)	¥1300.00
SGH-G800	手机制式：3G(WCDMA)	¥1480.00
SGH-F488E	手机制式：GSM	¥2498.00

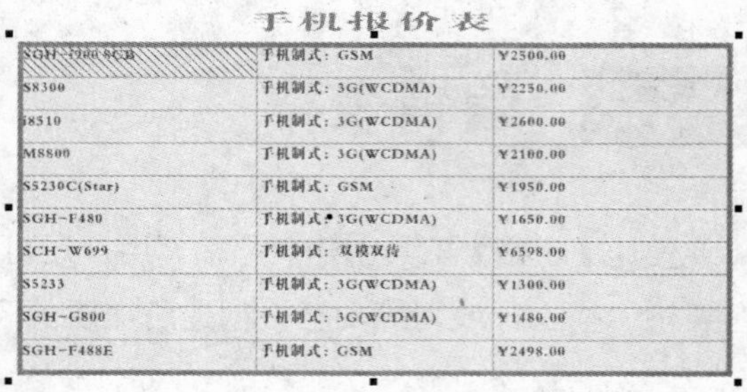

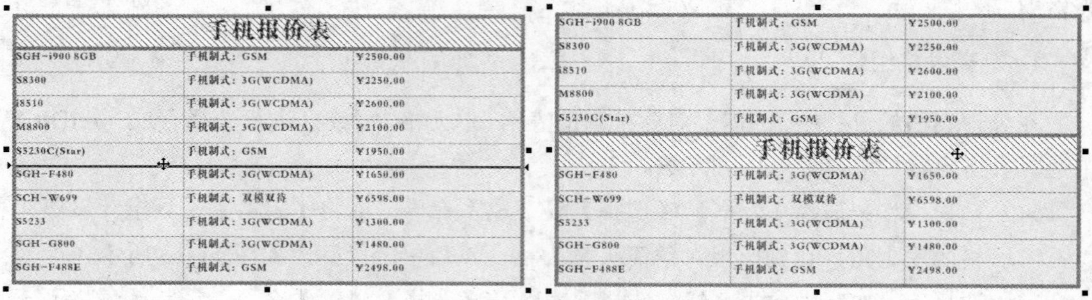

图 11-17　移动表格组件

要将表格组件移动到另一表格中，可以选择要移动的表格行或列，然后选择【编辑】|【剪切】命令，并在另一表格中选择要插入的位置，再选择【编辑】|【粘贴】命令，在打开的【粘贴行】或【粘贴列】对话框中选择所需的选项，然后单击【确定】按钮，如图 11-18 所示。

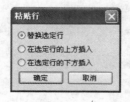

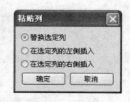

图 11-18　【粘贴行】和【粘贴列】对话框

3. 浏览表格组件

将【表格】工具插入单元格中，然后按 Tab 键。 如果是第一次在表格中按 Tab 键，则从【Tab 键顺序】列表框中选择 Tab 键顺序选项。用户也可以选择【工具】|【选项】命令，打开【选项】对话框，在【工作区】中的【工具箱】类别列表中，单击【表格】工具；启用【移至下一个单元格】选项；从【Tab 键顺序】列表框中，选择【从左到右、从上到下】或【从右到左、从上到下】选项。

§ 11.3.2　插入和删除表格行、列

在绘图过程中，可以根据图形或文字编排的需要，在绘制的表格中插入行和列，也可以从表格中删除行和列。

1. 插入表格行、列

在表格中选择一行或列后，选择【表格】|【插入】命令可以为现有的表格添加行和列，并且可以指定添加的行、列数。

➤ 要在选定行的上方插入一行，选择【表格】|【插入】|【行上方】命令，如图 11-19 所示。

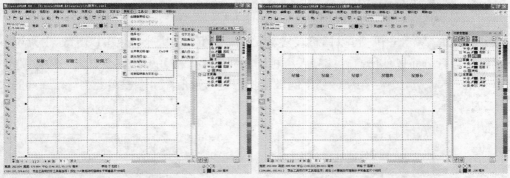

图 11-19　插入行

➤ 要在选定行的下方插入一行，选择【表格】|【插入】|【行下方】命令。
➤ 要在选定列的左侧插入一列，选择【表格】|【插入】|【列左侧】命令。
➤ 要在选定列的右侧插入一列，选择【表格】|【插入】|【列右侧】命令。
➤ 要在选定行的上下插入多个行，选择【表格】|【插入】|【插入行】命令，在打开的【插入行】对话框的【行数】数值框中键入一个值，然后选中【在选定行上方】单选按钮或【在选定行下方】单选按钮。
➤ 要在选定列的左右插入多个列，选择【表格】|【插入】|【插入列】命令，在打开的【插入列】对话框的【列数】数值框中键入一个值，然后选中【在选定列左侧】单选按钮或【在选定列右侧】单选按钮，如图 11-20 所示。

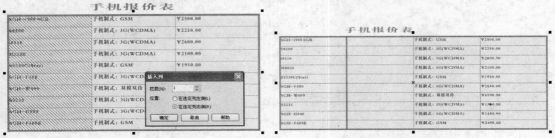

图 11-20　插入列

新世纪高职高专规划教材

2. 删除表格行、列

绘制表格后，还可以删除不需要的单元格、行或列来满足编辑的需要。使用【形状】工具选择要删除的行或列，选择菜单栏中的【表格】|【删除】|【行】命令或【表格】|【删除】|【列】命令即可。

技巧

选择表格组件后，直接单击鼠标右键，在弹出的菜单中，也可以通过选择【插入】和【删除】命令中的相关命令来编辑表格。

§ 11.3.3　调整表格单元格、行和列的大小

在 CorelDRAW X5 中，可以调整表格单元格、行和列的大小；也可以更改某行或列的大小，并对其进行分布以使所有行或列大小相同。使用【表格】工具单击表格，选择要调整大小的单元格、行或列，然后在属性栏上的数值框中键入数值即可调整单元格、行或列的大小，如图 11-21 所示。

图 11-21　调整单元格大小

另外，选择【表格】|【分布】|【行均分】命令，可以使所有选定的行高度相同。选择【表格】|【分布】|【列均分】命令，使所有选定的列宽度相同，如图 11-22 所示。

图 11-22　列均分

§ 11.3.4　合并、拆分表格和单元格

在绘制表格时，可以通过合并相邻单元格、行和列，或拆分单元格来更改表格的配置方式。如果合并表格单元格，则左上角单元格的格式将应用于所有合并的单元格。

合并单元格的操作非常简单，选择多个单元格后，选择菜单栏中的【表格】|【合并单元格】命令，或直接单击属性栏中的【合并单元格】按钮 ，即可将其合并为一个单元格，如图 11-23 所示。

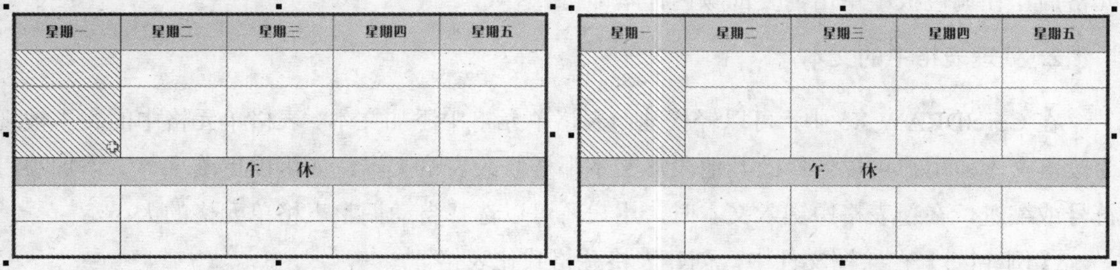

图 11-23 合并单元格

选择合并后的单元格，选择【表格】|【拆分单元格】命令，即可将其拆分。拆分后的每个单元格格式保持拆分前的格式不变，如图 11-24 所示。

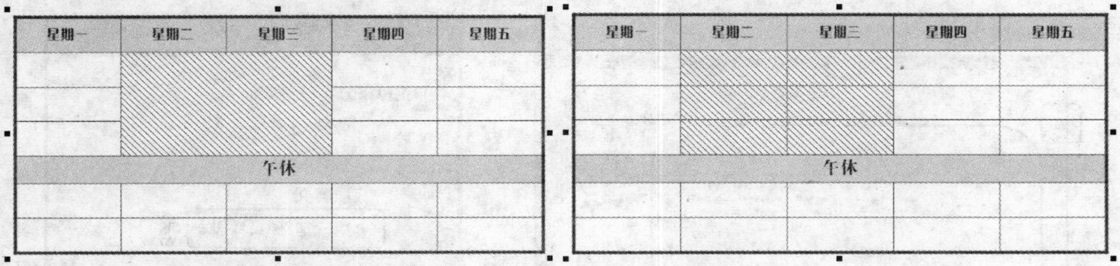

图 11-24 拆分单元格

选择需要拆分的单元格，然后选择【表格】|【拆分为行】或【拆分为列】命令，打开如图 11-25 所示或如图 11-26 所示的【拆分单元格】对话框，在其中设置拆分的行数或栏数后，单击【确定】按钮即可。用户也可以通过单击属性栏中的【水平拆分单元格】按钮或【垂直拆分单元格】按钮打开【拆分单元格】对话框。

图 11-25 设置行数　　图 11-26 设置栏数

§ 11.3.5　格式化表格和单元格

在 CorelDRAW X5 中，可以通过修改表格和单元格边框更改表格的外观，如可以更改表格边框的宽度或颜色。此外，还可以更改表格单元格页边距和单元格边框间距。单元格页边距用于增加单元格边框和单元格中的文本之间的间距。默认情况下，表格单元格边框会重叠从而形成网格，但是，可以增加单元格边框间距以移动边框使之相互分离。

新世纪高职高专规划教材

1. 为表格、单元格填充颜色

绘制表格后，可以像其他图形对象一样为其填充颜色。使用【形状】工具选中表格或单元格后，在调色板中单击需要的颜色样本即可。

2. 处理表格中的文本

在 CorelDRAW X5 中，可以轻松地向表格单元格中添加文本。表格单元格中的文本被视为段落文本。用户可以像修改其他段落文本那样修改表格文本，如可以更改字体、添加项目符号或缩进。在新表格中键入文本时，用户还可以选择自动调整表格单元格的大小。

【例 11-3】在绘图文件中，创建表格并格式化表格。

(1) 在打开的绘图文件中，使用【选择】工具选中文本，选择菜单栏中的【表格】|【将文本转换为表格】命令，打开【将文本转换为表格】对话框。在对话框中选中【用户定义】单选按钮，在后面的文本框中输入"\"，然后单击【确定】按钮，如图 11-27 所示。

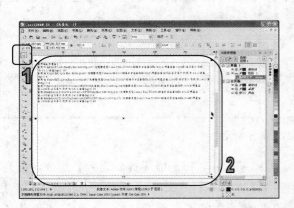
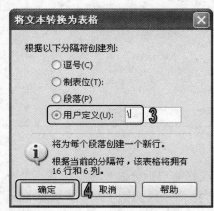

图 11-27　将文本转换为表格

(2) 选择工具箱中的【表格】工具，使用【表格】工具选中表格最上行，然后单击属性栏中的【合并单元格】按钮，如图 11-28 所示。

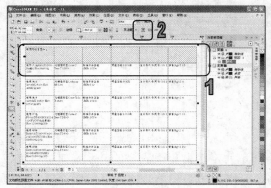
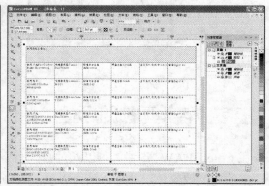

图 11-28　合并单元格

(3) 使用【表格】工具在单元格中单击，并按 Ctrl+A 键全选，然后在属性栏的【字体列表】下拉列表中选择方正大标宋简体，【字体大小】下拉列表中选择 36pt；单击【文本对齐】按钮，在下拉列表中选择【居中】；单击【更改文本的垂直对齐】按钮，在下拉列表中选择【居中垂直对齐】，如图 11-29 所示。

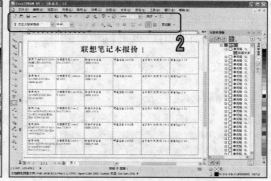

图 11-29　设置文本

(4) 使用【表格】工具选中全部单元格，设置【轮廓宽度】数值为 3pt，并在边框颜色下拉面板中将边框设置为红色，如图 11-30 所示。

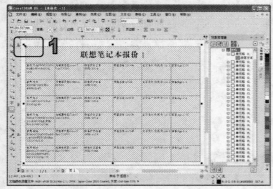
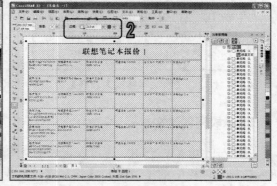

图 11-30　设置轮廓

(5) 使用【表格】工具选中第一行单元格，然后在调色板中单击色板为单元格填充颜色，如图 11-31 所示。

图 11-31　填充单元格

新世纪高职高专规划教材

11.4 文本与表格的转换

在 CorelDRAW X5 中，除了使用【表格】工具绘制表格外，还可以将选定的文本对象创建为表格。另外，用户也可以将绘制好的表格转换为相应的段落文本。

1. 从文本创建表格

选择需要创建为表格的文本对象，然后选择【表格】|【将文本转换为表格】命令，打开如图 11-32 所示的【将文本转换为表格】对话框进行设置，可将文本转换为表格。

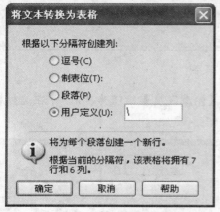

图 11-32 【将文本转换为表格】对话框

> **提示**
>
> 【逗号】单选按钮用于在逗号显示处创建一个列，在段落标记显示处创建一个行。【制表位】单选按钮用于创建一个显示制表位的列，和一个显示段落标记的行。【段落】单选按钮用于创建一个显示段落标记的列。【用户定义】单选按钮用于创建一个显示指定标记的列，和一个显示段落标记的行。

2. 从表格创建文本

在 CorelDRAW X5 中，还可以将表格文本转换为段落文本。选择需要转换为文本的表格，然后选择菜单栏中的【表格】|【将表格转换为文本】命令，打开【将表格转换为文本】对话框。在对话框中设置单元格文本分隔依据，然后单击【确定】按钮，即可将表格转换为文本，如图 11-33 所示。

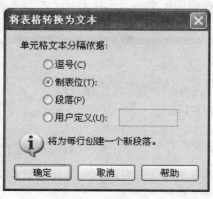

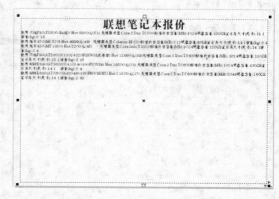

图 11-33 将表格转换为文本

11.5 向表格添加图形、图像

绘制好表格后，用户可以在一个或多个单元格中添加图形、图像。其操作方法非常简单，打开需要添加的图形、图像后，选择【编辑】|【复制】或【剪切】命令，然后选中表格中的单元格，再选择【编辑】|【粘贴】命令在单元格中添加图形、图像。如图 11-34 所示。

图 11-34　添加图像

11.6 上机实战

本章的上机实战主要练习制作表格效果，使用户更好地掌握表格的创建、编辑和添加图形等基本操作方法和技巧。

(1) 在打开的绘图文件中，使用【选择】工具选中文本，选择菜单栏中的【表格】|【将文本转换为表格】命令，打开【将文本转换为表格】对话框。在对话框中选中【用户定义】单选按钮，在后面的文本框中输入"\"，然后单击【确定】按钮，如图 11-35 所示。

(2) 选择工具箱中的【表格】工具，选中左边一列，然后单击右键，在弹出的菜单中选择【插入】|【列左侧】命令插入整列，如图 11-36 所示。

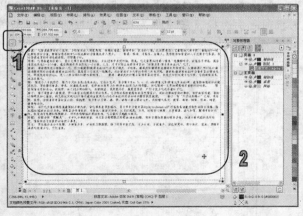
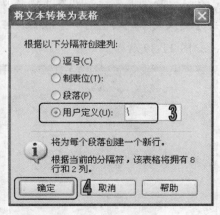

图 11-35　将文本转换为表格

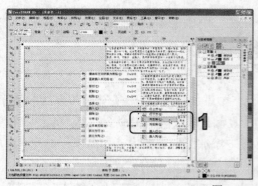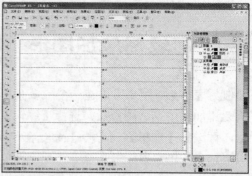

图 11-36　插入列

（3）使用【表格】工具选中刚插入的列，单击属性栏中的【合并单元格】按钮合并单元格，如图 11-37 所示。

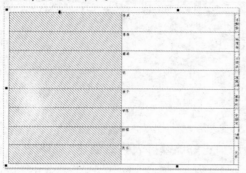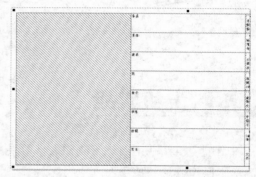

图 11-37　合并单元格

（4）按 F4 键显示全部表格，然后将【表格】工具放置在表格框架上，当光标显示为双向箭头时，按住鼠标拖动调整表格框架，如图 11-38 所示。

（5）使用【表格】工具在单元格中单击，并在属性栏中单击【将文本更改为垂直方】按钮，在【字体列表】下拉列表中选择方正大标宋简体，【字体大小】下拉列表中选择 36pt；单击【更改文本的垂直对齐】按钮，在下拉列表中选择【居中垂直对齐】，然后输入文字内容，如图 11-39 所示。

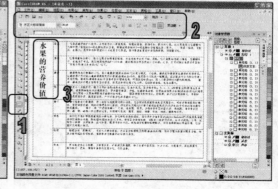

图 11-38　调整单元格　　　　　　　　　　　图 11-39　设置并输入文本

(6) 按住 Ctrl 键，使用【表格】工具选中表格中的多行，然后单击调色板中的 R=255、G=255、B=204 色板填充单元格，如图 11-40 所示。

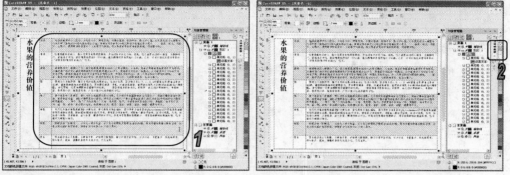

图 11-40 填充单元格

(7) 使用【表格】工具将表格全部选中，在属性栏中单击【边框】下拉列表选择【外部】选项，设置【轮廓宽度】为 2mm，轮廓颜色为橘红色。再单击【边框】下拉列表选择【内部】选项，设置【轮廓宽度】为 0.5mm，轮廓颜色为橘红色。如图 11-41 所示。

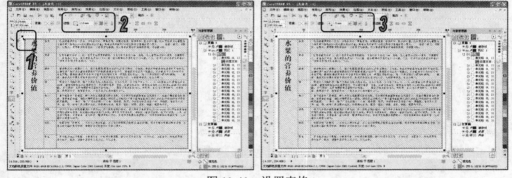

图 11-41 设置表格

(8) 打开图形文件，并按 Ctrl+C 键复制图形。选中单元格，按 Ctrl+V 键，粘贴图形至单元格中，并调整图形的大小，如图 11-42 所示。

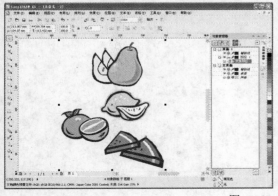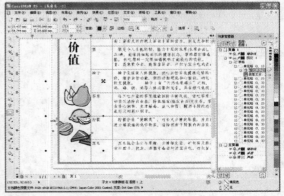

图 11-42 添加图形

11.7 习题

1. 简述添加表格的方法。
2. 简述向表格中添加背景色和图形图像的方法。

第*12*章

图层和样式

主要内容　在 CorelDRAW X5 中，用户可以通过对图层的控制，灵活地组织图层中的对象。还可以利用图形样式、文本样式和颜色样式控制对象外观属性。并且用户可以使用 CorelDRAW 提供的预设模板。

本章重点
- ➤ 新建和删除图层
- ➤ 在主图层中添加对象
- ➤ 创建图形或文本样式
- ➤ 应用图形或文本样式
- ➤ 颜色样式
- ➤ 模板

12.1　使用图层控制对象

在 CorelDRAW 中控制和管理图层的操作都是通过【对象管理器】泊坞窗完成的。默认状态下，每个新创建的文件都是由默认页面(页面 1)和主页面构成。默认页面包含辅助线图层和图层 1，辅助线图层用于存储页面上特定的辅助线。图层 1 是默认的局部图层，在没有选择其他图层时，在工作区中绘制的对象都会添加到图层 1 上。

主页面包含应用于当前文档中所有的页面信息。默认状态下，主页面可包含辅助线图层、桌面图层和网格图层。

- ➤ 辅助线图层：包含用于文档中所有页面的辅助线。
- ➤ 桌面图层：包含绘图页面边框外部的对象，该图层可以创建以后可能要使用的绘图。
- ➤ 网格图层：包含用于文档中所有页面的网格，该图层始终位于图层的底部。

选择【窗口】|【泊坞窗】|【对象管理器】命令，打开如图 12-1 所示的【对象管理器】泊坞窗。单击【对象管理器】泊坞窗右上角的 ▶ 按钮，可以弹出如图 12-2 所示的菜单。

- ➤ 显示或隐藏图层：单击 👁 图标，可以隐藏图层。在隐藏图层后，👁 图标变为 ◑ 状态，单击 ◑ 图标可重新显示图层。

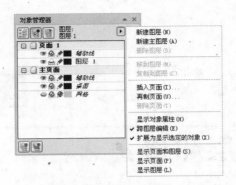

图 12-1　【对象管理器】泊坞窗　　　　　图 12-2　泊坞窗菜单

> 启用或禁用图层的打印和导出：单击 图标，可以禁用图层的打印和导出，此时 图标将变为 状态。禁用打印和导出图层后，可以防止该图层中的内容被打印或导出到绘图中，也防止在全屏预览中显示。单击 图标可重新启用图层的打印和导出。

> 使图层可编辑或将其锁定防止更改：单击 图标，可锁定图层，此时图标将变为 状态。单击 图标，可解除图层的锁定，使图层成为可编辑状态。

§ 12.1.1　新建和删除图层

要新建图层，可在【对象管理器】泊坞窗中单击【新建图层】按钮 ，即可创建一个新的图层，同时在出现的文字编辑框中可以修改图层的名称，如图 12-3 所示。默认状态下，新建的图层以【图层 2】命令。

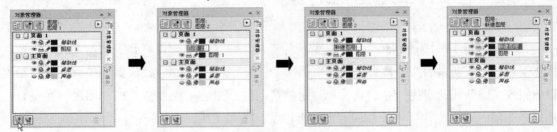

图 12-3　新建图层

如果要在主页面中创建新的图层，单击【对象管理器】泊坞窗左下角的【新建主图层】按钮 即可。

在绘图过程中，如果要删除不需要的图层，可以在【对象管理器】泊坞窗中单击需要删除的图层名称，此时被选中的图层名称将以红色粗体显示，表示该图层为活动图层，然后单击该泊坞窗中的【删除】按钮 ，或按 Delete 键即可删除选择的图层。

需要注意的是【页面 1】和【主页面】不能被删除或复制。在删除图层的同时，将删除该图层上的所有对象，如果要保留该图层上的对象，可以先将对象移动到另一图层上，然后再删除当前图层。

§ 12.1.2　在图层中添加对象

要在指定的图层中添加对象，首先需要选中该图层。如果图层为锁定状态，可以在【对象管理器】泊坞窗中单击该图层名称前的 图标，将其解锁，然后在图层名称上单击使该图层为活动图层。接下来在 CorelDRAW 中绘制、导入或粘贴的对象都会被放置在该图层中，如图 12-4 所示。

图 12-4　添加对象

§ 12.1.3　在主图层中添加对象

在新建主图层时，主图层始终都将添加到主页面中，并且添加到主图层上的内容在文档的所有页面上都可见。用户可以将一个或多个图层添加到主页面，以保留这些页面具有相同的页眉、页脚或静态背景等内容。

【例 12-1】在绘图文件中，为新建主图层添加对象。

(1) 在绘图文件中，单击【对象管理器】泊坞窗左下角的【新建主图层】按钮 ，新建一个主图层，如图 12-5 所示

(2) 单击标准工具栏中的【导入】按钮 ，导入一张作为页面背景的图像，如图 12-6 所示。此时该图像将被添加到主图层【图层 2】中。

图 12-5　新建主图层

图 12-6　添加图像

新世纪高职高专规划教材

(3) 在页面标签栏单击![]按钮，为当前文件插入一个新的页面，得到【页 2】，此时可以发现页面 2 与页面 1 是相同的背景。选择【视图】|【页面排序器视图】命令，可以同时察看两个页面的内容。如图 12-7 所示。

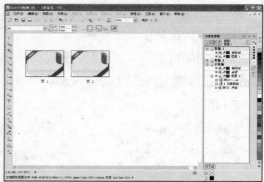

图 12-7　察看页面

§ 12.1.4　在图层中移动、复制对象

在【对象管理器】泊坞窗中，可以移动图层的位置或者将对象移动到不同的图层中，也可以将选取的对象复制到新的图层中。在图层中移动和复制对象的操作方法如下。

➢ 要移动图层，可在图层名称上单击，将需要移动的图层选取，然后将该图层移动到新的位置即可，如图 12-8 所示。

➢ 要移动对象到新的图层，可在选择对象所在的图层后，单击图层名称左边的![]图标，展开该图层的所有子图层，然后选择所要移动的对象所在的子图层，将其拖动到新的图层，当光标显示为![]状态时释放鼠标，即可将该对象移动到指定的图层中，如图 12-9 所示。

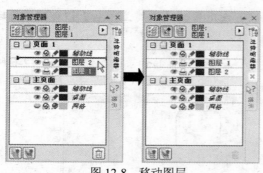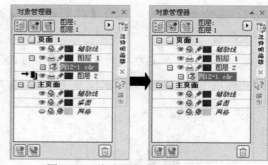

图 12-8　移动图层　　　　　　图 12-9　移动对象到新的图层

➢ 要在不同图层之间复制对象，可以在【对象管理器】泊坞窗中，单击需要复制的对象所在的子图层，然后按 Ctrl+C 键进行复制，再选择目标图层，按 Ctrl+V 键进行粘贴，即可将选取的对象复制到新的图层中。

12.2　图形和文本样式

　　将创建好的图形或文本样式应用到其他的图形或文本对象中，可以节省大量的工作时间，避免重复操作。

　　图形样式包括填充和轮廓设置，可应用于矩形、椭圆或曲线等图形对象。如，当一个群组对象中使用了同一种图形样式，就可以通过编辑该图形样式同时更改该群组对象中各个对象的填充或轮廓属性。

　　文本样式包括文本的字体、大小、填充属性和轮廓属性等设置，它分为美术字文本和段落文本两类。通过文本样式，可以更改默认美术字和段落文本的属性。应用同一种文本样式，可以使创建的文本对象具有一致的格式。

§ 12.2.1　创建图形或文本样式

　　在 CorelDRAW 中，可以根据现有对象的属性创建图形或文本样式，也可以重新创建图形或文本样式，通过这两种方式创建的样式都可以被保存下来。

　　【例 12-2】创建图形样式。

　　(1) 在绘图文件中，使用【选择】工具选择需要从中创建图形样式的对象，如图 12-10 所示。

　　(2) 在对象上单击鼠标右键，从弹出的命令菜单中选择【样式】|【保存样式属性】命令，弹出【保存样式为】对话框。在该对话框的【名称】文本框中输入新样式的名称，并选中【填充】和【轮廓】复选框，然后单击【确定】按钮，即可按该对象中的填充和轮廓属性创建新的图形样式。如图 12-11 所示。

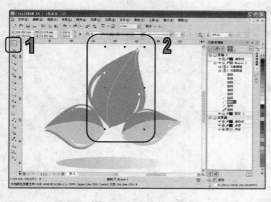

图 12-10　选取对象

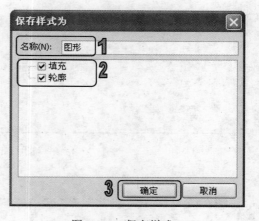

图 12-11　保存样式

　　(3) 选择【工具】|【图形和文本样式】命令，打开【图形和文本】泊坞窗，可以看见保存的图形样式，如图 12-12 所示。

新世纪高职高专规划教材

技巧

　　如果创建的是文本样式，那么在保存文本样式时，将打开如图 12-13 所示的【保存样式为】对话框，在其中设置新样式的名称并选中【文本】复选框即可。

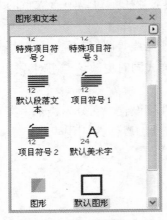

图 12-12　察看样式

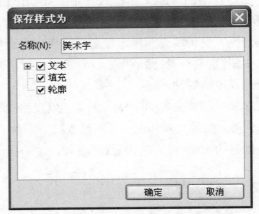

图 12-13　【保存样式为】对话框

§ 12.2.2　应用图形或文本样式

　　在创建新的图形或文本样式后，新绘制的对象不会自动应用该样式。要应用新建的图形样式，可以在需要应用图形样式的对象上单击鼠标右键，从弹出的命令菜单中选择【样式】|【应用】命令，并在展开的下一级子菜单中选择所需要的样式即可，如图 12-14 所示。

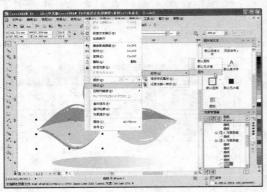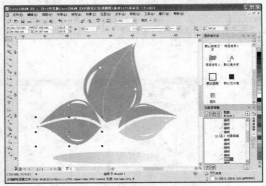

图 12-14　应用样式

技巧

　　选择需要应用图形或文本样式的对象后，在【图形和文本】泊坞窗中直接双击需要应用的图形或文本样式名称，可快速地将指定的样式应用到选取的对象上。

新世纪高职高专规划教材

§12.2.3　编辑图形或文本样式

在创建图形或文本样式后，如果对保存的图形或文本样式的外观属性不满意，可以对图形或文本样式进行编辑和修改。

【例 12-3】在绘图文件中，编辑文本样式。

(1) 选择【窗口】|【泊坞窗】|【图形和文本样式】命令，打开【图形和文本】泊坞窗，在其中需要编辑的文本样式上单击，将其选取，如图 12-15 所示。

(2) 单击【图形和文本】泊坞窗右上角的 按钮，从弹出式菜单中选择【属性】命令，弹出【选项】对话框，如图 12-16 所示。

图 12-15　选取文本样式

图 12-16　打开【选项】对话框

(3) 要修改当前样式中的文本属性，可单击【选项】对话框最上方的【编辑】按钮，弹出【格式化文本】对话框，在其中即可就该文本样式中的字符、段落、栏和效果属性进行设置，设置完后单击【确定】按钮，如图 12-17 所示。

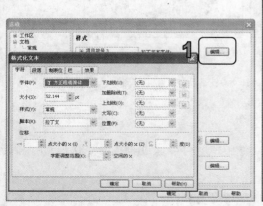

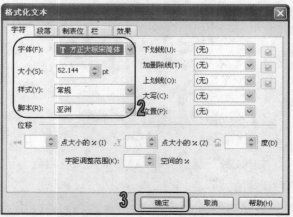

图 12-17　编辑文本样式

新世纪高职高专规划教材

（4）要修改当前样式中的填充属性，可在【选项】对话框中的【填充】下拉列表中，选择所需的填充类型，包括均匀填充、图样填充和底纹填充等，然后单击【填充】选项右边的【编辑】按钮，在弹出的相应的填充参数设置对话框中修改填充参数即可，如图 12-18 所示。编辑好当前样式中的所有属性后，单击【选项】对话框中的【确定】按钮，即可完成编辑样式的操作，同时所有应用该样式的对象都会自动更新到编辑后的外观效果。

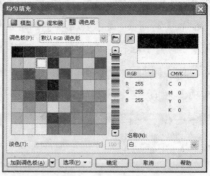

图 12-18　编辑填充

技巧

如果要修改当前样式中的轮廓属性，可在【选项】对话框中，单击【轮廓】选项右边的【编辑】按钮，在打开的【轮廓笔】对话框中修改当前设置。如图 12-19 所示。

图 12-19　编辑轮廓

§ 12.2.4　查找图形或文本样式

如果用户已经将图形或文本样式应用到当前文件中，就可以通过查找命令快速查找相应的图形样式。

在【图形和文本】泊坞窗中选择需要查找的图形或文本样式，然后单击【图形和文本】泊坞窗右上角的 按钮，从弹出式菜单中选择【查找】命令，即可查找到第一个应用该样式的图形或文本对象，重复相同的操作后，选择【查找下一个】命令，可继续查找下一个应用

该样式的对象。

§ 12.2.5　删除图形或文本样式

要删除不需要的图形或文本样式，可以在【图形和文本】泊坞窗中选择需要删除的样式，然后单击【图形和文本】泊坞窗右上角的▶按钮，从弹出的菜单中选择【删除】命令。也可在选择需要删除的样式后，直接按下 Delete 键将其删除。

12.3　颜色样式

颜色样式是指应用于绘图中的对象的颜色集。将应用在对象上的颜色保存为颜色样式，可以方便、快捷地为其他对象应用所需要的颜色。

在 CorelDRAW 中，用户还可以将单个阴影或一系列阴影属性创建为颜色样式。原始颜色样式称为【父】颜色，阴影则称为【子】颜色，对大多数可用的颜色模式和调色板而言，子颜色与父颜色具有相同的色度，但是具有不同的饱和度和亮度级。

CorelDRAW 具备从选定的对象创建颜色样式的自动创建功能。例如，可以从导入的图形对象中自动创建颜色样式。从对象创建颜色样式时，颜色样式会自动应用于该对象。在更改颜色样式时，该对象的相关颜色也会得到更新。

使用自动创建颜色样式功能时，可以选择要创建多少种父颜色样式。如，在将所有颜色都转换为颜色样式后，就可以使用一种父颜色来控制具有某一种颜色的所有对象；也可以使用多种父颜色，每种父颜色对应绘图中的一个特定颜色的阴影。创建子颜色时，从颜色匹配系统中添加的颜色都将被转换为父颜色的颜色模型，以便能够将它们自动归入相应的父子颜色组中。当为对象设置了填充色和轮廓色时，这些颜色就会作为父颜色自动添加到【颜色样式】泊坞窗中。

§ 12.3.1　从对象创建颜色样式

创建颜色样式时，新样式将被保存到活动绘图中，同时可将它应用于绘图中的对象。

【例 12-4】在绘图文件中，根据选定的对象创建颜色样式。

(1) 在绘图文件中，使用【选择】工具选择需要从中创建颜色样式的对象，如图 12-20 所示。

(2) 选择【窗口】|【泊坞窗】|【颜色样式】命令，打开【颜色样式】泊坞窗。在【颜色样式】泊坞窗中，单击【自动创建颜色样式】按钮，打开【自动创建颜色样式】对话框。如图 12-21 所示。

新世纪高职高专规划教材

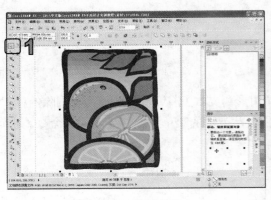

图 12-20 选择对象   图 12-21 打开【自动创建颜色样式】对话框

（3）在【颜色样式】泊坞窗中，选中【使用填充颜色】或【设置轮廓颜色】复选框，以确定使用选定对象中的哪种颜色。选中【自动连接类似的颜色】复选框，然后拖动【父层创建索引】滑块，以确定创建的父颜色数量，单击【预览】按钮。完成设置后，单击【确定】按钮创建颜色样式，如图 12-22 所示。

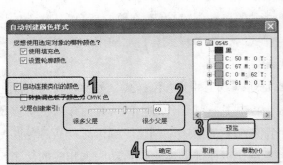

图 12-22 创建颜色样式

> **技巧**
>
> 选中【转换调色板子颜色为 CMYK 色】复选框，将从颜色匹配系统中添加的颜色转换为 CMYK 色，以便可以将它们自动归到相应的父颜色下。

§ 12.3.2 编辑颜色样式

在 CorelDRAW 中可以编辑父颜色与子颜色。当更改父颜色的色度后，它的所有子颜色都将根据新的色度、原始饱和度以及亮度值更新。如果编辑子颜色，父颜色不会受到影响。

【例 12-5】在绘图文件中，编辑父颜色与子颜色。

（1）在【颜色样式】泊坞窗中选择需要编辑的父颜色，然后单击【编辑颜色样式】按钮，弹出【编辑颜色样式】对话框，在其中设置所需要的颜色，如图 12-23 所示。设置好颜色后，单击【确定】按钮，回到【颜色样式】泊坞窗，即可完成对父颜色的编辑。

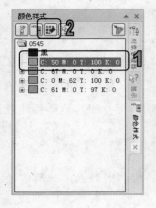

图 12-23　编辑父颜色

(2) 在【颜色样式】泊坞窗中选择需要编辑的子颜色，然后单击【编辑颜色样式】按钮，弹出【编辑子颜色】对话框，在其中调整当前颜色的饱和度和亮度，再单击【确定】按钮，即可完成子颜色的编辑，如图 12-24 所示。

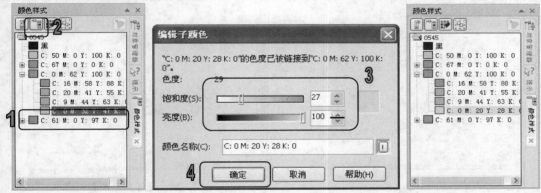

图 12-24　编辑子颜色

§ 12.3.3　删除颜色样式

对于【颜色样式】泊坞窗中不需要的颜色样式，可以将其删除。当删除应用在对象上的颜色样式后，对象的外观效果不会受到影响。要删除颜色样式，只需选择需要删除的颜色样式后，按 Delete 键即可。

12.4　模板

CorelDRAW 中的模板是一组可以控制绘图布局、页面布局和外观样式的设置，用户可以从 CorelDRAW 提供的多种预设模板中选择一种可用的模板。在模板的基础上进行绘图制作，可以减少设置页面布局和页面格式等样式的时间。

§ 12.4.1　创建模板

如果预设模板不符合用户的要求，则可以根据创建的样式或采用其他模板的样式创建模板。在保存模板时，可以添加模板参考信息，如页码、折叠、类别、行业和其他重要注释，这样便于对模板进行分类或查找。

【例 12-6】将当前绘图文件保存为模板。

(1) 为当前文件设置好页面属性，并在页面中绘制出模板中的基本图形或添加所需的文本对象，如图 12-25 所示。

(2) 选择【文件】|【另存为模板】命令，弹出【保存绘图】对话框，在【保存在】下拉列表中选择模板文本的保存位置 ，在【文件名】文本框中输入模板文件的名称，保持【保存类型】选项中的模板文件格式不变，然后单击【保存】按钮。如图 12-26 所示。

图 12-25　绘制对象

图 12-26　【保存绘图】对话框

(3) 此时将打开【模板属性】对话框，在其中添加相应的模板参考信息后，单击【确定】按钮，即可将当前文件保存为模板，如图 12-27 所示。

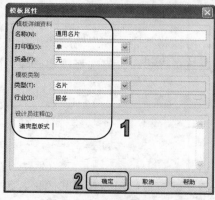

图 12-27　保存模板

> 💡 **提示**
>
> 　　【模板属性】对话框中的【打印面】选项可以设置打印页码选项。【折叠】选项可以选择一种折叠方式。【类型】选项可以选择一种模板类型。【行业】选项可以选择模板应用的行业。

§ 12.4.2　应用模板

CorelDRAW 预设了多种类型得到模板，用户可以在这些模板中创建新的绘图页面，也可以从中选择一种适合的模板载入到绘制的图形文件中。

选择【文件】|【从模板新建】命令，或在欢迎屏幕窗口中单击【从模板新建】选项，打开【从模板新建】对话框。在对话框左边单击【全部】选项，可以显示系统预设的全部模板文件。在【模板】下拉列表中选择所需的模板文件，然后单击【打开】按钮，即可在 CorelDRAW X5 中新建一个以模板为基础的图形文件，用户可以在该模板的基础上进行修改、新建。

【例 12-7】从模板新建绘图文件。

(1) 在启动 CorelDRAW X5 应用程序后，单击欢迎屏幕中的【从模板新建】选项，或选择【文件】|【从模板新建】命令，打开【从模板新建】对话框，如图 12-28 所示。

(2) 在这个对话框左侧的【查看方式】下拉列表中选择【类型】模板过滤方式，在下面的列表中单击【小册子】模板选项，并拖动对话框底部的缩放滑块放大模板预览图，如图 12-29 所示。

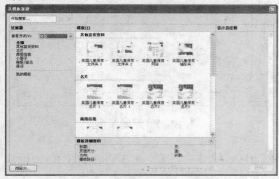
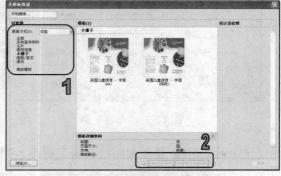

图 12-28　打开【从模板新建】对话框　　　　图 12-29　缩放模板预览图

(3) 在【模板】预览区中单击选中"英国儿童保育一手册(A4)"模板，这时对话框右侧的【设计员注释】区域中将显示该模板的所有注释信息，然后单击【打开】按钮，选中的模板在 CorelDRAW X5 应用程序中打开，如图 12-30 所示。

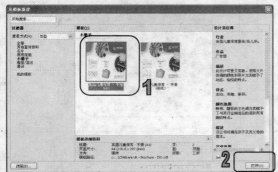
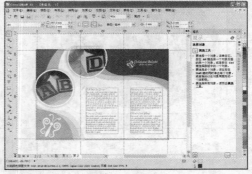

图 12-30　从模板新建文件

新世纪高职高专规划教材

12.5 上机实战

本章的上机实战主要练习制作公司信纸模板，使用户更好地掌握创建主页并保存为模板的操作，使用户更好地掌握新建主图层，向图层中添加对象，以及将绘图文件保存为模板的操作方法及技巧。

(1) 选择【文件】|【新建】命令，打开【创建新文档】对话框，创建一个 A4 纵向空白绘图文件，如图 12-31 所示。

(2) 选择工具箱中的【椭圆形】工具，在空白文档的顶部拖动绘制如图 12-32 所示的椭圆形，并在调色板中单击 R=153、G=204、B=51 的颜色色板设置填充和轮廓颜色。

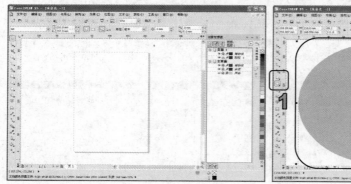
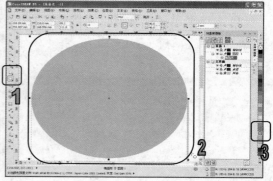

图 12-31　新建文档　　　　　　　　　　　　图 12-32　绘制图形

(3) 按 Ctrl+C 键复制刚绘制的椭圆形，再按 Ctrl+V 键粘贴图形，并在调色板中单击 R=0、G=102、B=51 的颜色色板设置填充和轮廓颜色。然后使用【选择】工具单击图形并将光标放置在控制点上，按住鼠标缩小图形，如图 12-33 所示。

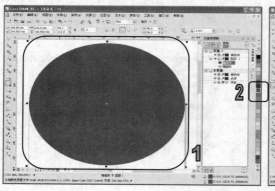
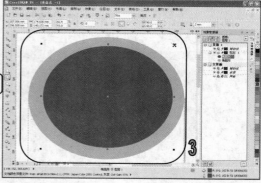

图 12-33　复制并缩小图形

(4) 按 Ctrl+C 键复制椭圆形，再按 Ctrl+V 键粘贴图形。选择工具箱中的【交互式填充】工具，在属性栏的【填充类型】下拉列表中选择【线性】，设置渐变颜色为橘黄色和白色。然后使用【交互式填充】工具在图形上拖动填充对象，再选择【选择】工具缩小移动对象，如图 12-34 所示。

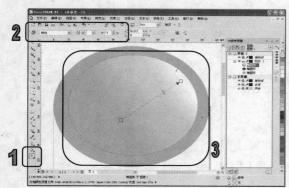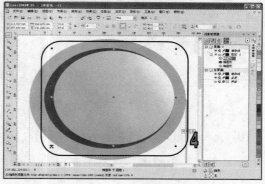

图 12-34　复制并调整图形

(5) 按 Ctrl+C 键复制椭圆形，再按 Ctrl+V 键粘贴图形，并在调色板中单击白色色板设置填充和轮廓颜色。然后使用【选择】工具单击图形并将光标放置在控制点上，按住鼠标缩小图形，如图 12-35 所示。

(6) 按 Ctrl+C 键复制椭圆形，再按 Ctrl+V 键粘贴图形，并在调色板中单击浅灰色色板设置填充和轮廓颜色。然后使用【选择】工具单击图形并将光标放置在控制点上，按住鼠标缩小图形，如图 12-36 所示。

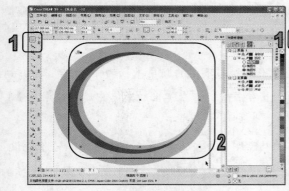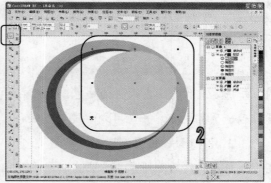

图 12-35　绘制图形　　　　　　　　　图 12-36　绘制图形

(7) 选择工具箱中的【矩形】工具，单击属性栏中的【同时编辑所有角】按钮，设置左下角和右下角圆角半径为 10mm，然后使用【矩形】工具沿文档顶部拖动绘制矩形，如图 12-37 所示。

(8) 使用【选择】工具框选前面绘制的全部椭圆形，选择【效果】|【图框精确剪裁】|【放置在容器中】命令，当光标变为黑色箭头时，单击上一步中绘制的矩形，将椭圆形放置在圆角矩形中，如图 12-38 所示。

新世纪高职高专规划教材

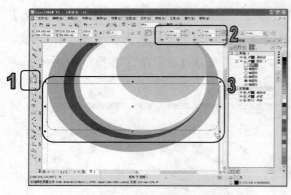

图 12-37　绘制图形

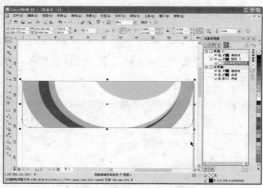

图 12-38　放置在容器中

(9) 选择【效果】|【图框精确剪裁】|【编辑内容】命令，使用【选择】工具调整椭圆形的位置、大小，然后选择【效果】|【图框精确剪裁】|【结束编辑】命令，再取消轮廓颜色，如图 12-39 所示。

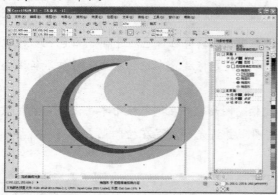

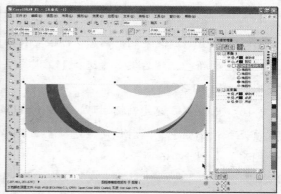

图 12-39　编辑内容

(10) 选择【矩形】工具，在属性栏中设置左下角和右下角的圆角半径为 10mm，拖动绘制，并将填充和轮廓色设置为白色。然后在对象上右击鼠标，在弹出的菜单中选择【顺序】|【向后一层】命令，并使用方向键向下微移对象，如图 12-40 所示。

(11) 按 Ctrl+C 键复制图形，再按 Ctrl+V 键粘贴图形，并在调色板中将填充和轮廓色设置为浅灰色。然后在对象上右击鼠标，在弹出的菜单中选择【顺序】|【到图层后面】命令，并使用方向键向下微移对象，如图 12-41 所示。

(12) 选择【矩形】工具，在属性栏中设置所有圆角半径为 0mm，然后拖动绘制矩形，并在调色板中将填充和轮廓颜色设置为白色。选择工具箱中的【透明度】工具，在属性栏的【透明度类型】下拉列表中选择【标准】选项，拖动【开始透明度】滑块至 80，如图 12-42 所示。

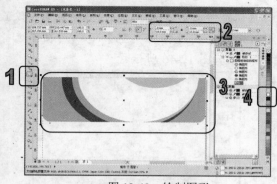

图 12-40　绘制图形

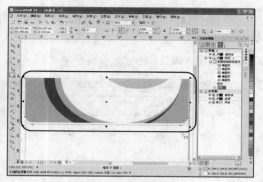

图 12-41　绘制图形

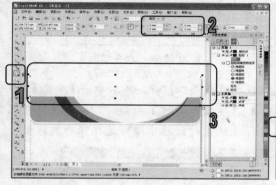

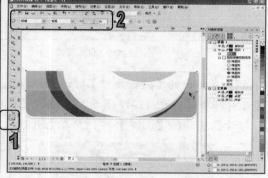

图 12-42　绘制图形并设置透明度

(13) 选择【文本】工具在图像上单击，在属性栏中设置字体为 Arial Black，字体大小为 24pt，然后输入文字内容，如图 12-43 所示。

(14) 选择【矩形】工具，在属性栏中设置左上角和右上角圆角半径为 10mm，然后沿页面底部拖动绘制矩形，并在调色板中将填充和轮廓颜色设置为浅灰色，如图 12-44 所示。

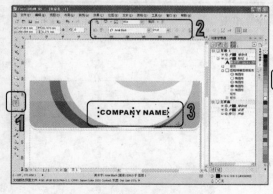

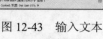

图 12-43　输入文本

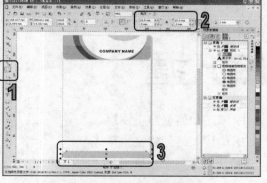

图 12-44　绘制并填充图形

(15) 选择【文本】工具在图像上单击，在属性栏中设置字体为 Arial，字体大小为 16pt，然后输入文字内容，如图 12-45 所示。

新世纪高职高专规划教材

(16) 选择【文件】|【另存为模板】命令打开【保存绘图】对话框，在【保存在】中设置文件保存位置，在【文件名】文本框中输入模板名称，在【保存类型】下拉列表中选择 CDT-CorelDRAW Template，然后单击【确定】按钮，如图 12-46 所示。

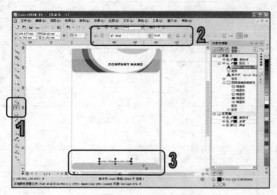

图 12-45　输入文本　　　　　　　　　　图 12-46　保存绘图

(17) 在弹出的【模板属性】对话框中设置模板属性或添加注释，然后单击【确定】按钮，即可保存模板，如图 12-47 所示。当选择【文件】|【从模板新建】命令时，单击【从模板新建】对话框底部的【浏览】按钮，在打开的【选择模板】对话框中即可选择保存的模板。

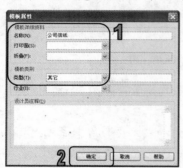

图 12-47　保存模板

12.6　习题

1. 简述如何创建主图层。
2. 简述如何创建文本样式。

第*13*章

管理文件与打印

主要内容　　　强大的打印输出功能是 CorelDRAW X5 的重要组成部分，通过对其众多的版面、印前和分色选项的设置，使用户可以轻松灵活地管理图形的打印输出。

本章重点
- ➤ 导入与导出文件
- ➤ 发布到 Web
- ➤ 发布至 PDF
- ➤ 打印设置
- ➤ 打印预览
- ➤ 收集用于输出

13.1　管理文件

CorelDRAW 可以将多种格式的文件应用到当前文件中，同时也可以将当前文件导出为多种指定格式的文件。用户还可以将创建的文件输出为网络格式，以便将图形文件发布到互联网。

§ 13.1.1　导入与导出文件

在实际的设计工作中，经常需要配合多个图像处理软件来完成复杂项目的编辑，这就需要在 CorelDRAW 中导入其他格式的图像文件；或者将绘制好的 CorelDRAW 图形导出为其他指定格式的文件，以便被其他软件导入或打开。

选择【文件】|【导入】命令或者按 Ctrl+I 键，也可以单击标准工具栏中的【导入】按钮，打开【导入】对话框将其他非 CorelDRAW 格式的文件导入到 CorelDRAW 文档中。

要将当前 CorelDRAW 中绘制的图形导出为其他格式的文件，可选择【文件】|【导出】命令，或按 Ctrl+E 键，也可以单击标准工具栏中的【导出】按钮，打开如图 13-1 所示的【导

出】对话框。在该对话框中设置好导出文件的【保存路径】和【文件名】，并在【保存类型】下拉列表中选择需要导出的文件格式，然后单击【导出】按钮，将打开如图 13-2 所示的【转换为位图】对话框，在其中设置好图像大小、颜色模式等参数后，单击【确定】按钮，即可将文件以此种格式导出到指定的目录。

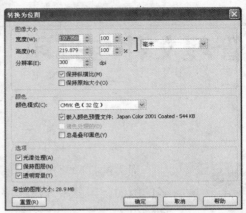

图 13-1　【导出】对话框　　　　　　图 13-2　【转换为位图】对话框

 技巧

可以在【转换为位图】对话框中的【宽度】和【高度】数值框中设置图像的尺寸，或在【百分比】数值框中按照原大小的百分比调整对象大小。在【分辨率】数值框中可以根据实际需要设置对象的分辨率。在【选项】选项组中可以设置对象转换为位图的【光滑处理】、【保持图层】和【透明背景】选项。

§13.1.2　发布到 Web

CorelDRAW 可以为以 HTML 格式发布的文档指定扩展名.htm。默认情况下，HTML 文件与 CorelDRAW(CDR)源文件共享同一文件名，并且保存在用于存储导出的 Web 文档的最后一个文件夹中。

HTML 文件为纯文本文件，可以使用任何文本编辑器创建，包括 SimpleText 和 TextEdit。HTML 文件是特意为在 Web 浏览器上显示用的。

当需要将图像或文档发布到 Web 上时，可以选择【文件】|【导出 HTML】命令，打开【导出 HTML】对话框。

➤ 【常规】选项卡：包含 HTML 布局、HTML 文件和图像的文件夹、FTP 站点和导出范围等选项。也可以选择、添加和移除预设，如图 13-3 所示。

➤ 【细节】选项卡：包含生成的 HTML 文件的细节，且允许更改页名和文件名，如图 13-4 所示。

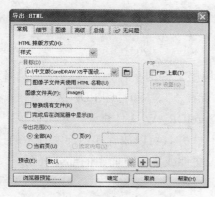

图 13-3　【常规】选项卡　　　　　　图 13-4　【细节】选项卡

➢ 【图像】选项卡：列出所有当前 HTML 导出的图像。可将单个对象设置为JPEG、GIF和PNG格式，如图 13-5 所示。单击【选项】按钮可以选择每种图像类型的预设。

➢ 【高级】选项卡：提供生成翻转和层叠样式表的JavaScript，维护到外部文件的链接，如图 13-6 所示。

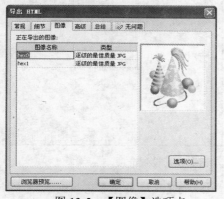

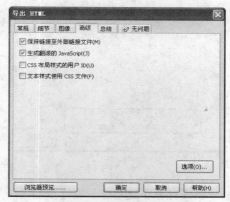

图 13-5　【图像】选项卡　　　　　　图 13-6　【高级】选项卡

➢ 【总结】选项卡：根据不同的下载速度显示文件统计信息，如图 13-7 所示。

➢ 【问题】选项卡：显示潜在问题的列表，包括解释、建议和提示，如图 13-8 所示。

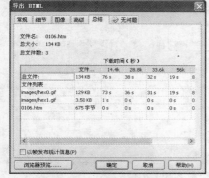

图 13-7　【总结】选项卡　　　　　　图 13-8　【问题】选项卡

新世纪高职高专规划教材

§13.1.3 发布至 PDF

PDF 是一种文件格式，用于保存原始应用程序文件的字体、图像、图形及格式。使用 Adobe Reader 和 Adobe Acrobat Exchange 就可以查看、共享和打印 PDF 文件。

在 CorelDRAW 中，可以将 PDF 文件作为 CorelDRAW 文件打开，也可以使用导入的方式导入 PDF 文件，这时该文件会作为组合对象导入，并且可以放置在当前文件中的任何位置。用户可以选择导入整个 PDF 文件，也可以只导入文件或多个页面中的部分页面。

【例 13-1】将绘图文件发布至 PDF。

(1) 选择【文件】|【发布至 PDF】命令，打开【发布至 PDF】对话框。在该对话框的【PDF 预设】下拉列表中，可以选择所需要的 PDF 预设类型。在【发布至 PDF】对话框中单击【设置】按钮，可在弹出的对话框中对【常规】、【颜色】、【文档】、【对象】、和【预印】等属性进行设置，如图 13-9 所示。

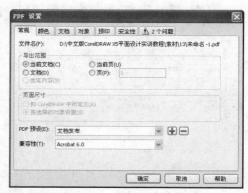

图 13-9　【发布至 PDF】对话框及其设置选项

(2) 单击【对象】选项卡，在【位图压缩】选项组的【压缩类型】下拉列表中选择 JPEG，拖动【JPEG 质量】滑块进行调整。单击【预印】选项卡，选中【裁剪标记】复选框，然后单击【确定】按钮。如图 13-10 所示。

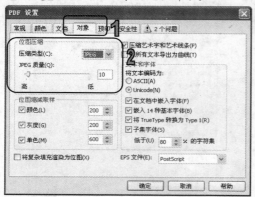
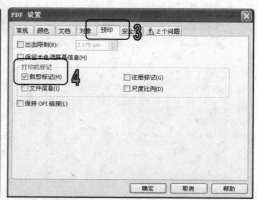

图 13-10　设置【发布至 PDF】

(3) 回到【发布至 PDF】对话框，在其中设置好保存文件的位置和文件名，然后单击【保存】按钮即可。

13.2　打印与印刷

要成功地打印作品，还需要对打印选项进行设置，以得到更好的打印效果。用户可以选择按标准模式打印，或指定文件中的某种颜色进行分色打印，也可以将文件打印为黑白或单色效果。在 CorelDRAW 中提供了详细的打印选项，通过设置打印选项并即时预览打印效果，可以提高打印的准确性。

§ 13.2.1　打印设置

打印设置是指对打印页面的布局和打印机类型等参数进行设置。选择【文件】|【打印】命令，打开【打印】对话框，其中包括【常规】、【颜色】、【复合】、【布局】、【预印】和【问题】共 7 个选项卡。

1. 【常规】设置

在打开的【打印】对话框中，默认为【常规】选项卡，如图 13-11 所示。在【常规】选项卡中，可以设置打印范围、份数及打印样式。

➢ 【打印机】下拉列表框：单击其下拉按钮，在弹出的下拉列表中可以选择与本台计算机相连接的打印机名称。

➢ 【首选项】按钮：单击该按钮，打开如图 13-12 所示的【属性】对话框，在【纸张】选项卡中可以设置打印的纸张大小及打印方面。

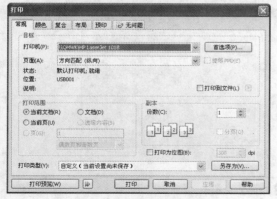

图 13-11　【常规】选项卡

图 13-12　【属性】对话框

➢ 【当前文档】单选按钮：可以打印当前文件中所有页面。

➢ 【文档】单选按钮：可以在下方出现的文件列表框中选择所要打印的文档，出现在该列表框中的文件是已经被 CorelDRAW 打开的文件。

➢ 【当前页】单选按钮：只打印当前页面。

新世纪高职高专规划教材

> 【选定内容】单选按钮：只能打印被选取的图形对象。

> 【页】单选按钮：可以指定当前文件中所要打印的页面，还可以在下方的下拉列表中选择要打印的是奇数页还是偶数页。

> 【份数】文本框：用于设置文件被打印的份数。

> 【打印类型】下拉列表：在其下拉列表中选择打印的类型。

> 【另存为】按钮：在设置好打印参数以后，单击该按钮，可以让 CorelDRAW X5 保存当前的打印设置，以便日后在需要的时候直接调出使用。

提示

在【打印】对话框中，单击对话框底部的 按钮，可以在对话框右部显示打印预览效果，如图 13-13 所示。单击【打印预览】按钮，可以打开【打印预览】窗口，如图 13-14 所示。

图 13-13　显示打印预览效果　　　　　　　图 13-14　【打印预览】窗口

2.【布局】设置

单击【打印】对话框中的【布局】选项卡，切换到【布局】选项卡设置，如图 13-15 所示。

图 13-15　【布局】选项卡

> 【与文档相同】单选按钮：可以按照对象在绘图页面中的当前位置进行打印。

> 【调整到页面大小】单选按钮：可以快速地将绘图尺寸调整到输出设备所能打印的最大范围。

> 【将图像重定位到】单选按钮：在右侧的下拉列表中，可以选择图像在打印页面的位置。

> 【打印平铺页面】复选框：选中该复选框后，以纸张的大小为单位，将图像分割成若干块后进行打印，用户可以在预览窗口中观察平铺的情况。

> 【出血限制】复选框：选中【出血限制】复选框后，可以在该选项数值框中设置出血边缘的数值。

3. 【预印】设置

切换到【打印】对话框的【预印】选项卡后，如图 13-16 所示。在【预印】选项卡中可以设置纸张/胶片、文件信息、裁剪/折叠标记、注册标记以及调校栏等参数。

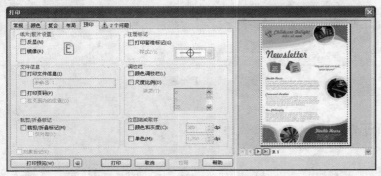

图 13-16　【预印】选项卡

> 【纸张/胶片设置】选项组：选中【反显】复选框后，可以打印负片图像；选中【镜像】复选框后，打印为图像的镜像效果。

> 【打印文件信息】复选框：选取该复选框可以在页面底部打印出文件名、当前日期和时间等信息。

> 【打印页码】复选框：选取该复选框后可以打印页码。

> 【在页面内的位置】复选框：选取该复选框后可以在页面内打印文件信息。

> 【裁剪/折叠标记】复选框：选取该复选框可以让裁切线标记印在输出的胶片上，作为装订的参照依据。

> 【仅外部】复选框：选取该复选框可以在同一纸张上打印出多个面，并且将其分割成各个单张。

> 【对象标记】复选框：将打印标记置于对象的边框，而不是页面的边框。

> 【打印套准标记】复选框：选取后可以在页面上打印套准标记。

> 【样式】列表框：用于选择套准标记的样式。

> 【颜色调校栏】复选框：选取后可以在作品旁边打印包含 6 种基本颜色的色条，用于质量较高的打印输出。

> 【尺度比例】复选框：可以在每个分色版上打印一个不同灰度深浅的色条，它允许被称为密度计的工具来检查输出内容的精确性、质量程度和一致性，用户可以在下面的【浓度】列表框中选择颜色的浓度值。

4. 【问题】设置

切换到【打印】对话框的【问题】选项卡，如图 13-17 所示。在此显示了 CorelDRAW

新世纪高职高专规划教材

自动检查到的绘图页面存在的打印冲突或者打印错误的信息，为用户提供修正打印方式的参考。

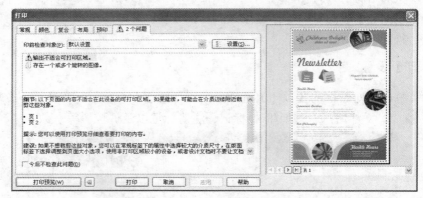

图 13-17　【问题】选项卡

§ 13.2.2　打印预览

通过【打印预览】功能，可以预览到文件在输出前的打印状态。选择【文件】|【打印预览】命令，可直接切换到如图 13-18 所示的【打印预览】窗口。

> ➤　【页面中的图像位置】下拉列表：在该选项下拉列表中，可选择打印对象在纸张上的位置，如图 13-19 所示。

图 13-18　【打印预览】窗口

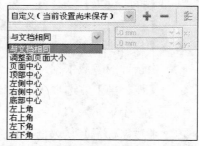

图 13-19　【页面中的图像位置】选项

> ➤　【挑选】工具按钮：选择该工具后，在预览窗口中的图形对象上按下鼠标左键并拖动鼠标，可移动图形的位置；在图形对象上单击，拖动对象四周的控制点，可调整对象在页面上的大小，如图 13-20 所示。
> ➤　【缩放】工具按钮：该工具与 CorelDRAW X5 工具箱中的缩放工具的使用方法相似，使用该工具在预览窗口中单击鼠标左键可放大视图；按下鼠标左键并拖动，可放大选框范围内的视图；按下 Shift 键单击鼠标左键可缩小视图。另外，用户还可通过该工具属性栏中的功能按钮来选择视图的显示方式。单击其中的【缩放】按钮

，可开启【缩放】对话框，在其中同样可对视图的缩放比例和显示方式进行设置，如图 13-21 所示。

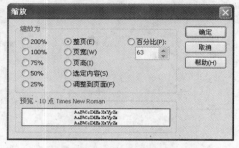

图 13-20 使用【挑选】工具   图 13-21 使用【缩放】工具

§ 13.2.3 收集用于输出

CorelDRAW 中提供的【收集用于输出】向导功能，可以帮助用户完成将文件发送到彩色输出中心的全过程。它可以简化许多流程，如创建 PostScript 和 PDF 文件，收集输出图像所需的不同部分，以及将原始图像、嵌入图像文件和字体复制到用户定义的位置等。

用户可以将绘图打印到文件中，这样彩色输出中心可以将文件直接发送到输出设备。如果不确定该选择哪些设置，可以使用向导。

【例 13-2】使用【收集用于输出】向导 。

(1) 选择【文件】|【收集用于输出】命令，打开【收集用于输出】对话框。在该对话框中选择【自动收集所有与文档相关的文件】或【选择一个打印配置文件(.CSP file)来收集特定文件】单选按钮，然后单击【下一步】按钮继续。在弹出的对话框中，选中【包括 PDF】复选框，然后单击【下一步】按钮。如图 13-22 所示。

(2) 在弹出的对话框中，单击【浏览】按钮，可以打开【浏览文件夹】对话框，在其中选择输出中心的文件夹，然后单击【下一步】按钮。在弹出的对话框中，单击【完成】按钮完成操作。如图 13-23 所示。

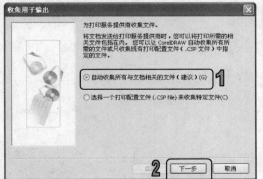

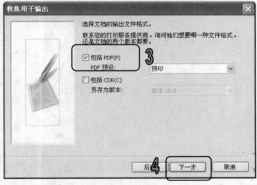

图 13-22 设置【收集用于输出】

新世纪高职高专规划教材

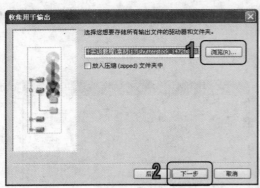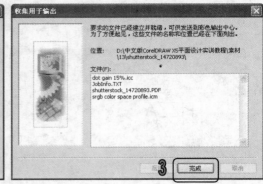

图 13-23   设置【收集用于输出】

13.3   习题

1. 如何预览打印效果？
2. 如何将图形作品发布至 PDF 文件？

第14章

综合实例应用

本章通过实例巩固前面所学的工具、命令等内容的应用，使读者进一步加强对 CorelDRAW X5 的认识，并能够综合运用它的基本功能和操作。

➢ 包装设计
➢ 宣传单

14.1 包装设计

本节的上机实战主要练习制作包装设计，帮助用户巩固和掌握图形的绘制、文字的编辑操作、图像编辑操作的方法和技巧。

(1) 选择【文件】|【新建】命令，打开【创建新文档】对话框。在对话框的【名称】文本框中输入"包装设计"，在【大小】下拉列表中选择 A4，单击【横向】按钮，【原色模式】下拉列表中选择 CMYK，然后单击【确定】按钮创建新空白文档。如图 14-1 所示。

(2) 选择工具箱中的【矩形】工具，在页面中拖动绘制矩形，如图 14-2 所示。

(3) 在属性栏中单击【导入】按钮，打开【导入】对话框。在【导入】对话框中，选中需要导入的位图文件，并在【全图像】下拉列表中选择【裁剪】选项，然后单击【导入】按钮，打开【裁剪图像】对话框。在【裁剪图像】对话框的预览窗口中，可以拖动裁剪框四周的控制点，控制图像的裁剪范围，然后单击【确定】按钮导入并裁剪图像，如图 14-3 所示。

(4) 使用【选择】工具选中矩形。选择【交互式填充】工具，在属性栏的【填充类型】下拉列表中选择【辐射】选项，设置两个填充颜色为 C=60、M=60、Y=0、K=0 和 C=10、M=10、Y=0、K=0，然后使用【交互式填充】工具在图形内拖动创建渐变。如图 14-4

所示。

（5）使用【交互式填充】工具双击渐变路径，分别添加 C=20、M=20、Y=0、K=0 颜色和白色，如图 14-5 所示。

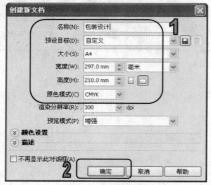
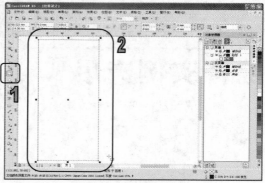

图 14-1　新建文档　　　　　　　　　　　　图 14-2　绘制矩形

图 14-3　导入图像

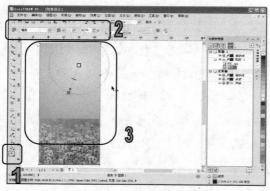
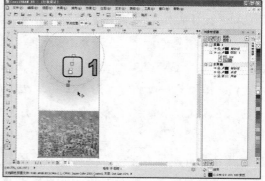

图 14-4　填充颜色　　　　　　　　　　　　图 14-5　调整填充颜色

（6）使用【选择】工具选中导入的图像，选择【透明度】工具，在属性栏的【透明度类型】下拉列表中选择【线性】选项，然后使用【透明度】工具在图像上拖动，创建透明效果，如图 14-6 所示。

(7) 使用【贝塞尔】工具在矩形左上角绘制如图 14-7 所示的图形。

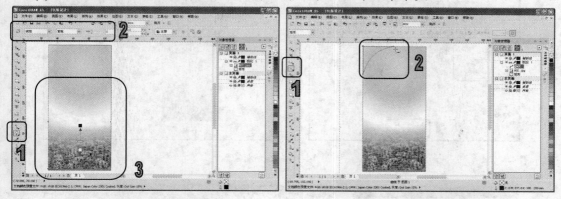

图 14-6　创建透明度　　　　　　　　　　图 14-7　绘制图形

(8) 使用步骤(4)和步骤(5)的操作方法，使用【交互式填充】工具，在图形上应用渐变填充，并取消轮廓颜色，如图 14-8 所示。

(9) 使用【贝塞尔】工具在矩形中绘制如图 14-9 所示的图形。

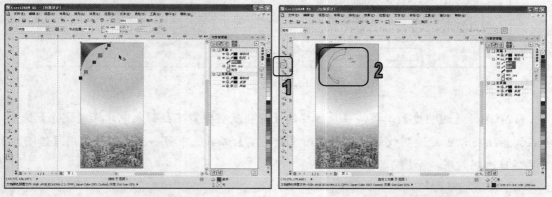

图 14-8　填充颜色　　　　　　　　　　　图 14-9　绘制图形

(10) 使用【选择】工具选择图形对象的上部分。单击工具箱中的【填充】工具，在展开的工具条中选择【渐变填充】，打开【渐变填充】对话框。在对话框的【类型】下拉列表中选择【线性】选项，选中【双色】单选按钮，设置【从】颜色为 C=60、M=60、Y=0、K=0，然后单击【确定】按钮，应用填充，如图 14-10 所示。

(11) 使用步骤(10)的操作方法，单击工具箱中的【填充】工具，在展开的工具条中选择【渐变填充】，打开【渐变填充】对话框。在对话框的【类型】下拉列表中选择【线性】选项，选中【双色】单选按钮，设置【从】颜色为 C=60、M=60、Y=0、K=0，拖动【中点】滑块至 99，然后单击【确定】按钮，为图形的下部分应用填充，如图 14-11 所示。

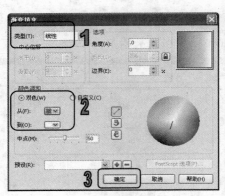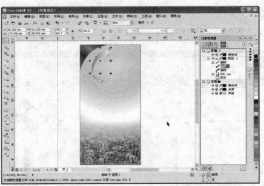

图 14-10　填充对象

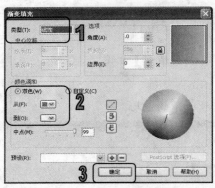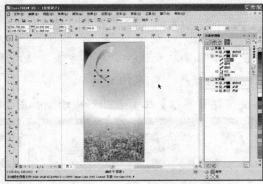

图 14-11　填充对象

（12）选择【透明度】工具，在属性栏的【透明度类型】下拉列表中选择【线性】选项，并在图形上拖动创建透明效果；然后使用【透明度】工具选中另一个图形，使用【透明度】工具创建透明效果，如图 14-12 所示。

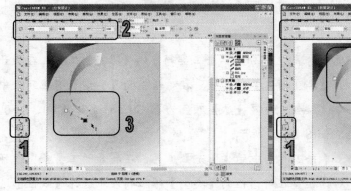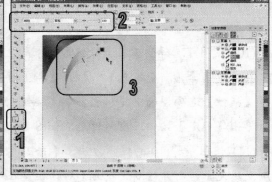

图 14-12　添加透明效果

（13）选择【文本】工具，在图形上单击，然后在属性栏中设置字体为方正胖娃简体，字体大小为 36pt，然后使用【文本】工具输入文字。如图 14-13 所示。

新世纪高职高专规划教材

(14) 按 Ctrl+Q 键将文本转换为曲线，然后在调色板中单击 C=24、M=100、Y=7、K=0 颜色色板填充文字曲线，如图 14-14 所示。

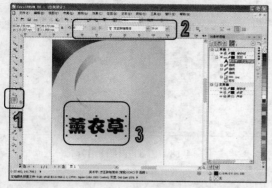

图 14-13　输入文本

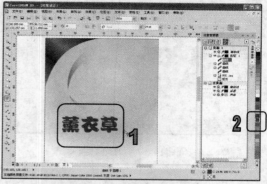

图 14-14　填充文本

(15) 使用【选择】工具，按 Ctrl+C 键复制，按 Ctrl+V 键粘贴，将轮廓和填充颜色设置为白色，在属性栏中的【轮廓宽度】下拉列表中选择 0.75mm。然后在文字曲线上右击鼠标，在弹出的菜单中选择【顺序】|【向后一层】命令排列对象，如图 14-15 所示。

(16) 选择【文本】工具，在图形上单击，并在属性栏中设置字体为方正粗活意简体，字体大小为 18pt，然后使用【文本】工具输入文字，如图 14-16 所示。

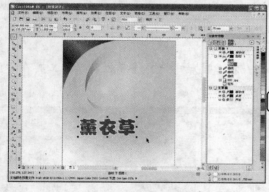

图 14-15　添加并排列对象

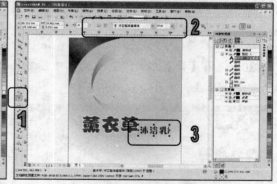

图 14-16　输入文本

(17) 按 Ctrl+Q 键将文本转换为曲线，然后在调色板中单击 C=100、M=100、Y=0、K=0 颜色色板填充文字曲线，如图 14-17 所示。

(18) 使用【选择】工具，按 Ctrl+C 键复制，按 Ctrl+V 键粘贴，将轮廓和填充颜色设置为白色，在属性栏中的【轮廓宽度】下拉列表中选择 0.75mm。然后在文字曲线上右击鼠标，在弹出的菜单中选择【顺序】|【向后一层】命令排列对象，如图 14-18 所示。

(19) 使用【贝塞尔】工具在文档中绘制图形，然后在调色板中将绘制的图形的填充色和轮廓色设置为白色，如图 14-19 所示。

新世纪高职高专规划教材

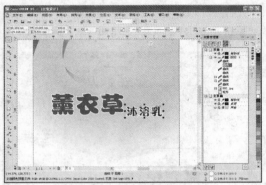

图 14-17　填充对象　　　　　　　　　　　图 14-18　添加并排列对象

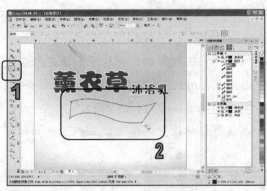
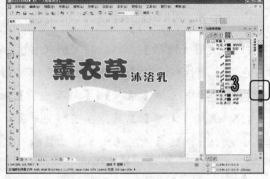

图 14-19　绘制图形

(20) 使用【贝塞尔】工具在文档中绘制图形。在工具箱中选择【属性滴管】工具在右上角的渐变上单击，如图 14-20 所示。

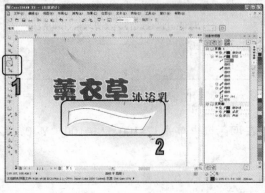
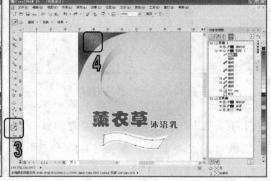

图 14-20　绘制图形

(21) 将光标移至步骤(20)中绘制的图形上单击，填充图形。然后选择【交互式填充】工具，调整渐变角度，如图 14-21 所示。

新世纪高职高专规划教材

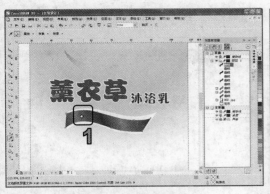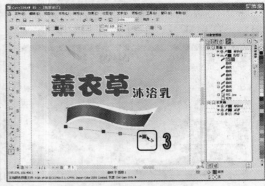

图 14-21　填充图形

(22) 使用【贝塞尔】工具在文档中绘制路径，然后选择【文本】工具在路径上单击，在属性栏中设置字体为黑体，字体大小为 12pt，输入文字内容，如图 14-22 所示。

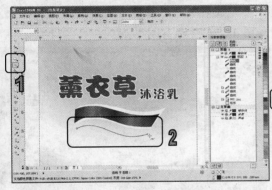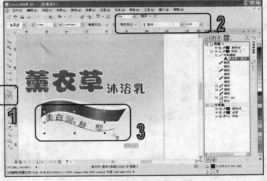

图 14-22　输入路径文本

(23) 使用【形状】工具，调整路径形状及字符间距，然后选择【选择】工具删除路径，如图 14-23 所示。

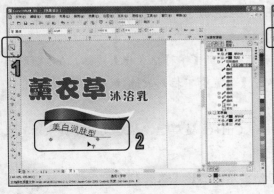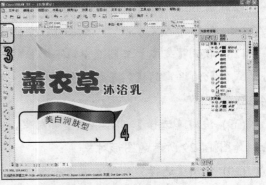

图 14-23　调整文本

(24) 使用【选择】工具移动文本位置，并在调色板中单击白色填充文本效果。如图 14-24 所示。

（25）使用前面步骤所介绍的文本操作方法，输入文本，并调整文本效果。如图 14-25 所示。

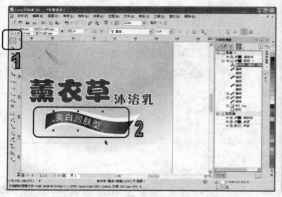

图 14-24　移动文本　　　　　　　　　　　图 14-25　输入文本

（26）使用【选择】工具框选文本，并按 Ctrl+G 键群组，然后双击文本，当出现控制点后，将光标放置在右侧拖动，倾斜文本对象，如图 14-26 所示。

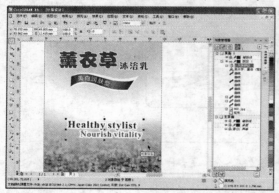
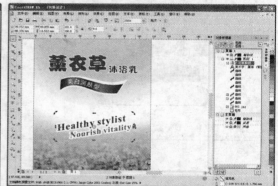

图 14-26　调整文本

（27）使用【文本】工具在图形上单击，在属性栏中设置字体为方正粗倩简体，字体大小为 24pt，然后输入文本内容，如图 14-27 所示。

（28）使用【文本】工具选中®符号，单击属性栏中的【字符格式化】按钮，在打开的【字符格式化】泊坞窗的【字符效果】选项中，单击【位置】下拉列表选择【上标】选项，如图 14-28 所示。

（29）使用【选择】工具框选全部对象，并按 Ctrl+G 键群组，然后使用【贝塞尔】工具绘制如图 14-29 所示的图形对象。

（30）使用【选择】工具选中上一步中群组的对象，选择【效果】|【图框精确剪裁】|【放置在容器中】命令，这时光标变为黑色粗箭头状态，单击上一步绘制的图形，即可将所选对象置于该图形中，再选择【效果】|【图框精确剪裁】|【编辑内容】命令，进入容器内部，如图 14-30 所示。

新世纪高职高专规划教材

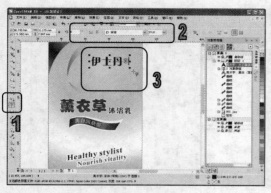

图 14-27 输入文本　　　　　　　　　图 14-28 调整文本

图 14-29 群组对象并绘制图形

图 14-30 放置在容器中

(31) 选择【位图】|【转换为位图】命令,打开【转换为位图】对话框,在【分辨率】下拉列表中选择 300dpi,然后单击【确定】按钮。在属性栏中单击【编辑位图】按钮,如图 14-31 所示。

新世纪高职高专规划教材

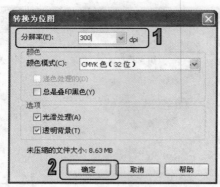

图 14-31　转换为位图

(32) 在打开的 Corel PHOTO-PAINT 工作界面的工具栏中单击【透视】按钮，然后拖动控制点调整位图，如图 14-32 所示。

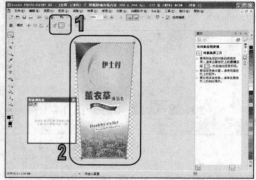

图 14-32　透视位图

(33) 单击工具栏中的【完成编辑】按钮，在弹出的对话框中单击【是】按钮，然后返回 CorelDRAW X5 的工作界面中。再选择【效果】|【图框精确剪裁】|【结束编辑】命令，如图 14-33 所示。

图 14-33　结束编辑

(34) 选择【矩形】工具绘制如图 14-34 左图所示的几个矩形。使用【选择】工具选中最下方的矩形，单击属性栏中的【同时编辑所有角】按钮，设置左下角和右下角的圆角半径为 1.4mm，如图 14-34 右图所示。

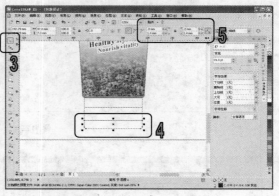

图 14-34　绘制图形

(35) 使用【贝塞尔】工具，在矩形中绘制半圆形，如图 14-35 所示。

(36) 使用【选择】工具选中最下方的矩形，选择【交互式填充】工具，在属性栏的【填充类型】下拉列表中选择【线性】，然后将渐变设置为 C=20、M=20、Y=0、K=0 至白色至 C=20、M=20、Y=0、K=0，如图 14-36 所示。

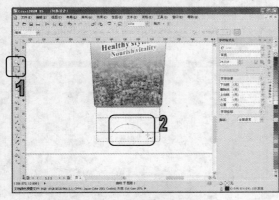

图 14-35　绘制半圆形　　　　　　　　　图 14-36　填充图形

(37) 选择【属性滴管】工具，在最下方的矩形上单击，然后在其他图形上单击填充相同的颜色，如图 14-37 所示。

(38) 取消对象的选取，在属性栏中单击【纵向】按钮，更改文档方向。然后选择【矩形】工具绘制与页面同大的的矩形。选择【交互式填充】工具，在属性栏的【填充类型】下拉列表中选择【线性】，然后拖动创建浅灰色至白色的渐变，如图 14-38 所示。

(39) 选择【排列】|【顺序】|【到图层后面】命令将刚绘制的矩形排列到图层的最下方，然后使用【选择】工具框选包装设计，移动对象位置，如图 14-39 所示。

新世纪高职高专规划教材

图 14-37 复制属性

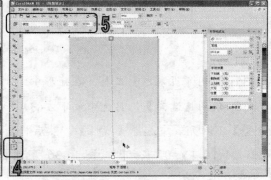

图 14-38 绘制图形

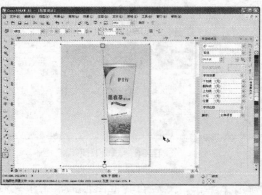
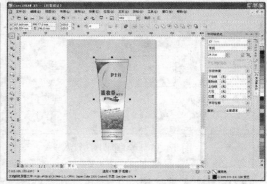

图 14-39 调整对象

(40) 使用【选择】工具，框选底部的几个图形，并按 Ctrl+C 键复制选中的图形，再按 Ctrl+V 键粘贴图形，然后将光标放置在粘贴后的图形对象上方的控制点上，按住鼠标向下拖动镜像对象，如图 14-40 所示。

(41) 选择【透明度】工具，在属性栏的【透明度类型】下拉列表中选择【线性】选项，然后使用【透明度】工具在图形上拖动创建透明效果，如图 14-41 所示。

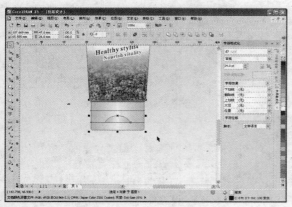

图 14-40　镜像对象

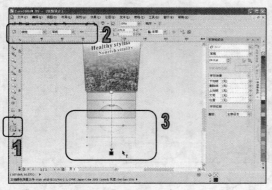

图 14-41　应用透明效果

14.2　宣传单

本节的上机实战主要练习制作旅游宣传单，使用户更好地掌握创建表格、编辑表格以及向表格中添加图像的基本操作方法及技巧。

(1) 选择【文件】|【新建】命令，打开【创建新文档】对话框新建一个 A4 纵向文档。选择【表格】工具，在属性栏中设置行数为 4，列数为 3，然后使用【表格】工具在页面中拖动绘制与页面同大的表格，如图 14-42 所示。

(2) 单击属性栏中的【选项】按钮，在弹出的下拉面板中选中【单独的单元格边框】复选框，并在【水平单元格间距】数值框中设置 2.5mm，如图 14-43 所示。

(3) 使用【表格】工具选中首行，并单击属性栏中的【合并单元格】按钮图合并单元格，如图 14-44 所示。

新世纪高职高专规划教材

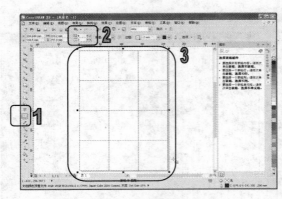

图 14-42　绘制表格

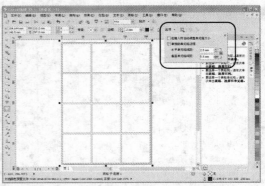

图 14-43　设置单独的单元格边框

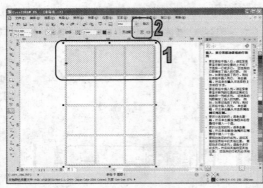

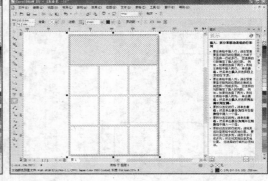

图 14-44　合并单元格

(4) 使用步骤(3)的操作方法合并单元格，并将【表格】工具移动至单元格边框处，当光标变为双向箭头状态时，按下鼠标并拖动调整，如图 14-45 所示。

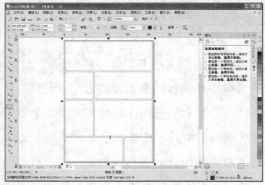

图 14-45　合并并调整单元格

(5) 使用【表格】工具选中单元格，并单击右键，在弹出的菜单中选择【拆分为行】命令，打开【拆分单元格】对话框。在对话框中设置【行数】数值为 3，然后单击【确定】按钮拆分单元格，如图 14-46 所示。

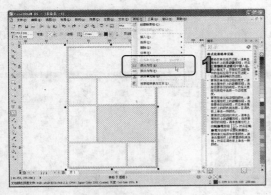
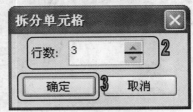

图 14-46 拆分单元格

(6) 再单击右键，在弹出的菜单中选择【拆分为列】命令，打开【拆分单元格】对话框。设置对话框中的【栏数】数值为 2，然后单击【确定】按钮拆分单元格，如图 14-47 所示。

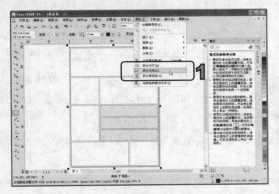
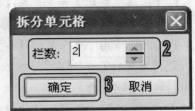

图 14-47 拆分单元格

(7) 将【表格】工具移动至单元格边框处，当光标变为双向箭头状态时，按下鼠标并拖动调整，如图 14-48 所示。

(8) 按住 Ctrl 键使用【表格】工具选中单元格，并在调色板中选择填充颜色，如图 14-49 所示。

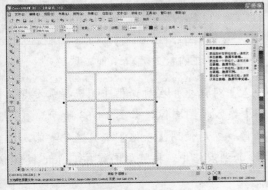
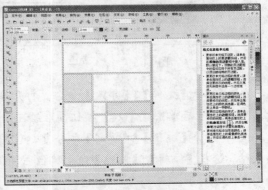

图 14-48 调整单元格 　　　　　　　图 14-49 选中单元格

新世纪高职高专规划教材

(9) 在属性栏中，单击【背景】下拉面板设置颜色为 C=24、M=98、Y=76、K=0，填充单元格。使用相同的方法用 C=3、M=80、Y=67、K=0 和 C=3、M=21、Y=39、K=0 填充其他单元格，如图 14-50 所示。

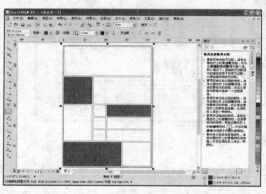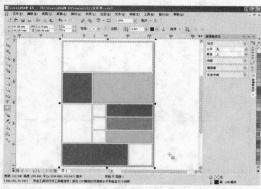

图 14-50 填充背景色

(10) 使用【表格】工具在单元格中单击，在属性栏中设置字体样式为 Adobe 黑体 Std R，字体大小为 11pt，输入文字内容。然后选中文字内容，在调色板中设置文字颜色为白色，选择【文本】|【段落格式化】命令，在【段落格式化】泊坞窗中设置水平对齐为【全部调整】，垂直对齐为【上】，【段落前】数值为 150%，【行】数值为 110%，【字符】数值为 20%，【首行】数值为 10mm，【左】、【右】数值为 1mm。如图 14-51 所示。

(11) 使用步骤(10)所介绍的操作方法添加其他文字内容，并在【段落格式化】泊坞窗中设置格式，如图 14-52 所示。

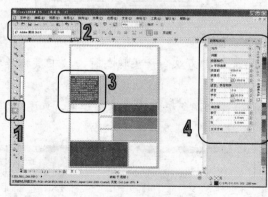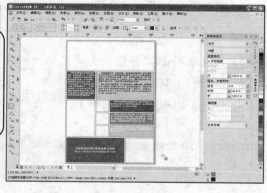

图 14-51 输入文字 　　　　　图 14-52 输入其他文字

(12) 选择【文件】|【导入】命令，打开【导入】对话框。在对话框中，选择需要导入的位图图像，然后单击【导入】按钮，在绘图文档中导入位图图像，如图 14-53 所示。

(13) 选择【编辑】|【复制】命令复制位图图像，然后使用【表格】工具选中要添加图像的表格，选择【编辑】|【粘贴】命令将位图图像添加到表格中，再将原图像按 Delete 键删除，如图 14-54 所示。

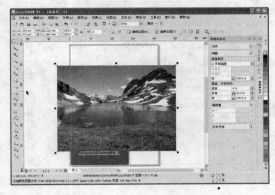

图 14-53　导入图像

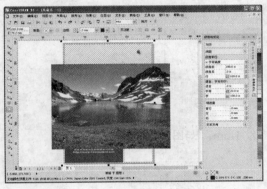

图 14-54　添加图像

(14) 调整粘贴到表格中图像的大小，并使用步骤(12)～(13)所介绍的操作方法添加其他图像文件，如图 14-55 所示。

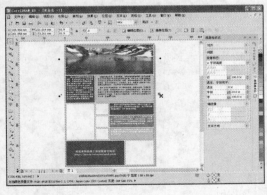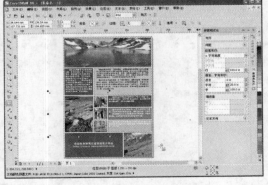

图 14-55　添加其他图像

(15) 选择【文本】工具，在属性栏中设置字体样式为 Arial Black，字体大小为 30pt，然后输入文字，并使用【选择】工具调整文字位置。如图 14-56 所示。

新世纪高职高专规划教材

图 14-56　输入文本并调整其位置

(16) 选择【表格】工具将表格全选，然后在属性栏的【边框】下拉列表中选中【全部】选项，设置【轮廓颜色】为白色，如图 14-57 所示。

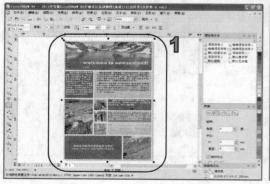

图 14-57　设置表格